云南省普通高等学校"十二五"规划教材

数控加工与编程

主　编　　马志诚　　曾谢华

副主编　　李映辉　　向丽萍　　朱慧军

参　编　　司兴登　　张正祺

西南交通大学出版社

·成　都·

内 容 简 介

本书较全面、深入浅出地阐述了数控机床的编程技术,内容包括数控机床的工作原理,数控车床、数控铣床、加工中心等机床的手工编程方法;并介绍了常用数控车床、数控铣床、加工中心等机床的编程和操作;同时介绍了 SIEMENS 802S/C 数控机床的结构、编程实例和操作;另外,对 CAD/CAM 交互式图形编程技术也作了简单介绍。

本书操作实例丰富,深入浅出,各章既有连贯性,又有一定的独立性,内容丰富,实用性强,并在每章后附有习题。本书可作为高等职业技术院校学生的专业教材和教学参考书,还可作为从事数控技术工作的工程技术人员的参考书。

图书在版编目(CIP)数据

数控加工与编程/马志诚,曾谢华主编. —成都:西南交通大学出版社,2015.6
云南省普通高等学校"十二五"规划教材
ISBN 978-7-5643-3950-0

Ⅰ.①数… Ⅱ.①马… ②曾… Ⅲ.①数控机床-程序设计-高等学校-教材 Ⅳ.①TG659

中国版本图书馆 CIP 数据核字(2015)第 124778 号

云南省普通高等学校"十二五"规划教材

数控加工与编程

主编 马志诚 曾谢华

责 任 编 辑	李 伟	
封 面 设 计	墨创文化	
出 版 发 行	西南交通大学出版社	
	(四川省成都市金牛区交大路 146 号)	
发 行 部 电 话	028-87600564　028-87600533	
邮 政 编 码	610031	
网 址	http://www.xnjdcbs.com	
印 刷	四川嘉乐印务有限公司	
成 品 尺 寸	185 mm × 260 mm	
印 张	15.25	
字 数	381 千	
版 次	2015 年 6 月第 1 版	
印 次	2015 年 6 月第 1 次	
书 号	ISBN 978-7-5643-3950-0	
定 价	36.00 元	

前　言

随着科学技术的飞速发展，机械制造技术发生了革命性的变化。传统的普通加工设备已难以适应市场对产品多样化的要求，难以适应市场竞争的高效率、高质量的要求。而以数控技术为核心的现代制造技术，以微电子技术为基础，将传统的机械制造技术与现代控制技术、计算机技术、传感检测技术、信息处理技术以及网络通信技术有机结合在一起，构成高度信息化、高度柔性化、高度自动化的制造系统。

数控技术是 20 世纪制造技术的重大成就之一，从 20 世纪 70 年代以后，计算机数控技术获得了突飞猛进的发展，数控机床和其他数控装备在实际生产中获得了越来越广泛的应用。同时，计算机数控技术的发展又极大地推动了计算机辅助设计及辅助制造（CAD/CAM）、柔性制造系统（FMS）和计算机集成制造技术（CIMS）的发展，成为先进制造技术的基础和重要组成部分。

数控技术已被世界各国列为优先发展的关键工业技术，成为当代国际间科技竞争的重点。数控技术对现代制造业的影响是多方面的和重大的，制造业是各种产业的支柱工业，数控技术和数控装备是制造工业现代化的重要基础，直接影响着一个国家的经济发展和综合国力，关系到一个国家的战略地位。发展数控技术和数控机床是当前制造工业技术改造、技术更新的必由之路。

为了适应培养数控技术人才需求短缺的形势，适应高职高专机电专业课程"数控技术"的教学需要，特编写了本书。

本书可作为高等职业技术院校学生的教材，也可供从事机电一体化技术、数控技术的相关人员参考。

本书第 1 章、第 2 章由马志诚、向丽萍、朱慧军编写，第 3 章由马志诚、朱慧军、司兴登编写、第 4 章由曾谢华、张正祺编写，第 5 章由曾谢华、李映辉编写，第 6 章由曾谢华、向丽萍编写，第 7 章由马志诚、李映辉编写。本书由马志诚、曾谢华担任主编，并对全书进行了统稿。在本书编写过程中，编者参阅了有关教材、资料和文献，在此对相关作者表示衷心的感谢。

在本书编写过程中，得到了学校领导和其他教师的热情帮助，他们提出了不少宝贵意见，在此谨向他们表示衷心的感谢。

由于编者水平所限，书中难免会有不足、疏漏之处，诚恳希望读者批评指正。

编　者
2015 年 3 月

目　录

1 绪 论

1.1 概 述

随着计算机技术和控制技术的高速发展，传统的制造业发生了根本性变革，各工业发达国家投入巨资，对现代制造技术进行研究开发，提出了全新的制造模式。在现代制造系统中，数控机床是关键技术，它集微电子、计算机、信息处理、自动检测、自动控制等高新技术于一体，具有高精度、高效率、柔性自动化等特点，对制造业实现柔性自动化、集成化、智能化起着举足轻重的作用。目前，数控机床正在发生根本性变革，由专用型封闭式开环控制模式向通用型开放式实时动态全闭环控制模式发展。在集成化基础上，数控系统实现了超薄型、超小型化；在智能化基础上，综合了计算机、多媒体、模糊控制、神经网络等多学科技术，数控机床实现了高速、高精、高效控制，加工过程中可以自动修正、调节与补偿各项参数，实现了在线诊断和智能化故障处理；在网络化基础上，CAD/CAM 与数控系统集成为一体，数控机床联网，实现了中央集中控制的群控加工。

长期以来，我国的数控系统为传统的封闭式体系结构，CNC（数控机床）只能作为非智能的机床运动控制器。加工过程变量根据经验以固定参数形式事先设定，加工程序在实际加工前用手工方式或通过 CAD/CAM 及自动编程系统进行编制。CAD/CAM 和 CNC 之间没有反馈控制环节，整个制造过程中 CNC 只是一个封闭式的开环执行机构。在复杂环境以及多变条件下，加工过程中的刀具组合、工件材料、主轴转速、进给速率、刀具轨迹、切削深度、步长、加工余量等加工参数，无法在现场环境下根据外部干扰和随机因素实时动态调整，更无法通过反馈控制环节随机修正 CAD/CAM 中的设定量，因而影响 CNC 的工作效率和产品的加工质量。由此可见，传统 CNC 系统的这种固定程序控制模式和封闭式体系结构，限制了 CNC 向多变量智能化控制发展，已不适应日益复杂的制造过程，因此，对数控技术实行变革势在必行。

数控机床的应用不但给传统制造业带来了革命性的变化，使制造业成为工业化的象征，而且随着数控技术的不断发展和应用领域的扩大，它对国计民生的一些重要行业（如 IT、汽车、轻工、医疗等）的发展起着越来越重要的作用，因为这些行业所需装备的数字化已是工业发展的大趋势。

从我国基本国情的角度出发，以国家的战略需求和国民经济的市场需求为导向，以提高制造装备业综合竞争能力和产业化水平为目标，用系统的方法，选择能够主导 21 世纪初期我国制造装备业发展升级的关键技术以及支持产业化发展的支撑技术、配套技术作为研究开发的内容，实现制造装备业的跨越式发展。

强调市场需求为导向，即以数控终端产品为主，以整机（如量大面广的数控车床、铣床、高速、高精、高性能数控机床，典型数字化机械，重点行业关键设备等）带动数控产业的发展。重点解决数控系统和相关功能部件（数字化伺服系统与电机、高速电主轴系统和新型装备的附件等）的可靠性和生产规模问题。没有规模就不会有高可靠性的产品；没有规模就不会有价格低廉而富有竞争力的产品；当然，没有规模中国的数控装备也难以有效发展。

在高精尖装备研发方面，要强调研究开发与最终用户的紧密结合，以"做得出、用得上、卖得掉"为目标，按国家意志实施攻关，以解决国家之急需。

在数控技术方面，强调市场需求为导向、强调创新、强调研究开发具有自主知识产权的技术和产品，为我国数控产业、装备制造业乃至整个制造业的可持续发展奠定基础。

1.2　数控机床的发展概况和分类

1.2.1　数控机床的发展概况

20 世纪，人类社会最伟大的科技成果是计算机的发明与应用，计算机及控制技术在机械制造设备中的应用是制造业发展的最重大的技术进步。1952 年，美国第 1 台数控铣床问世，至今已经历了 60 余年。数控机床包括车、铣、加工中心、镗、磨、冲压、电加工以及各类专机，形成了庞大的数控制造设备家族，每年全世界的产量有 100 万台，产值上千亿美元。数控机床经过 60 余年 2 个阶段和 6 代的发展历程。

第 1 阶段是硬件数控（NC）：

第 1 代：1952 年的电子管；

第 2 代：1959 年的晶体管分离元件；

第 3 代：1965 年的小规模集成电路。

第 2 阶段是软件数控（CNC）：

第 4 代：1970 年的小型计算机；

第 5 代：1974 年的微处理器；

第 6 代：个人 PC 机。

第 6 代系统的优点主要有：

（1）元器件集成度高、可靠性好、性能高，可靠性已可达到 5 万小时以上；

（2）基于 PC 平台，技术进步快，升级换代容易；

（3）提供了开放式基础，可供利用的软、硬件资源丰富，使数控功能扩展到很宽的领域（如 CAD、CAM、CAPP，连接网卡、声卡、打印机、摄影机等）；

（4）对数控机床生产厂来说，提供了优良的开发环境，简化了硬件。

我国数控机床制造业在 20 世纪 80 年代曾有过高速发展的阶段，许多机床厂从传统产品实现向数控化产品的转型，并有许多厂家生产经济型数控机床。但总的来说，技术水平不高，质量不佳，所以在 20 世纪 90 年代初期面临国家经济由计划性经济向市场经济转移调整，经历了几年最困难的萧条时期，那时生产能力降到 50%。国家从扩大内需启动机床市场，加强限制进口数控设备的审批，重点投资和支持关键数控系统、设备、技术攻关，对数控设备生产起到了很大的促进作用，同时，国家向国防工业及关键民用工业部门投入大量技术改造资金，使数控设备制造市场一派繁荣，但也存在下列问题：

（1）低技术水平的产品竞争激烈，靠相互压价促销；

（2）高技术水平、全功能产品主要靠进口；

（3）配套的高质量功能部件、数控系统附件主要靠进口；

（4）应用技术水平较低，联网技术没有完全推广使用；

（5）自行开发能力较差，相对有较高技术水平的产品主要靠引进图纸、合资生产或进口件组装。

在世界先进制造技术不断兴起，超高速切削、超精密加工等技术的应用，柔性制造系统的迅速发展和计算机集成系统的不断成熟，对数控加工技术提出了更高的要求。当今数控机床正在朝着以下几个方向发展。

1. 性能的发展方向

（1）高速、高精、高效化。

速度、精度和效率是机械制造技术的关键性能指标。由于采用了高速 CPU 芯片、RISC 芯片、多 CPU 控制系统和带高分辨率绝对式检测元件的交流数字伺服系统，同时采取了改善机床动态、静态特性等有效措施，机床的高速、高精、高效化已大大提高。

（2）柔性化。

柔性化包含两方面：一方面是数控系统本身的柔性，数控系统采用模块化设计，功能覆盖面大，可裁剪性强，便于满足不同用户的需求；另一方面是群控系统的柔性，同一群控系统能依据不同生产流程的要求，使物料流和信息流自动进行动态调整，从而最大限度地发挥群控系统的效能。

（3）工艺复合性和多轴化。

多轴化是减少工序、辅助时间为主要目的的复合加工，正朝着多轴、多系列控制功能方向发展。数控机床的工艺复合化是指工件在一台机床上一次装夹后，通过自动换刀、旋转主轴头或转台等各种措施，完成多工序、多表面的复合加工。采用数控技术轴，西门子 880 系统控制的轴数可达 24 轴。

（4）实时智能化。

早期的实时系统通常是针对相对简单的理想环境，其作用是如何调度任务，以确保任务在规定期限内完成。而人工智能则试图用计算模型实现人类的各种智能行为。科学技术发展到今天，实时系统和人工智能相互结合，人工智能正向着具有实时响应的、更现实的领域发展，而实时系统也朝着具有智能行为的、更加复杂的领域发展，由此产生了实时智能控制这一新的领域。在数控技术领域，实时智能控制的研究和应用正沿着几个主要分支发展：自适应控制、模糊控制、神经网络控制、专家控制、学习控制、前馈控制等。例如，在数控系统中配备编程专家系统、故障诊断专家系统、参数自动设定和刀具自动管理及补偿等自适应调节系统，在高速加工时的综合运动控制中引入提前预测和预算功能、动态前馈功能，在压力、温度、位置、速度控制等方面采用模糊控制，使数控系统的控制性能大大提高，从而达到最佳控制的目的。

2. 功能的发展方向

（1）用户界面图形化。

用户界面是 CNC 系统与使用者之间的对话接口。由于不同用户对界面的要求不同，因而开发用户界面的工作量极大，用户界面成为计算机软件研制中最困难的部分之一。当前，

Internet、虚拟现实、科学计算可视化及多媒体等技术也对用户界面提出了更高要求。图形用户界面极大地方便了非专业用户的使用，人们可以通过窗口和菜单进行操作，便于蓝图编程和快速编程、三维彩色立体动态图形显示、图形模拟、图形动态跟踪和仿真、不同方向的视图和局部显示比例缩放功能的实现。

（2）科学计算可视化。

科学计算可视化可用于高效处理数据和解释数据，使信息交流不再局限于用文字和语言表达，而可以直接使用图形、图像、动画等可视信息。可视化技术与虚拟环境技术相结合，进一步拓宽了应用领域，如无图纸设计、虚拟样机技术等，这对缩短产品设计周期、提高产品质量、降低产品成本具有重要意义。在数控技术领域，可视化技术可用于 CAD/CAM，如自动编程设计、参数自动设定、刀具补偿、刀具管理数据的动态处理和显示以及加工过程的可视化仿真演示等。

（3）插补和补偿方式多样化。

插补方式多种多样，如直线插补、圆弧插补、圆柱插补、空间椭圆曲面插补、螺纹插补、极坐标插补、螺旋插补、NANO 插补、NURBS 插补（非均匀有理 B 样条插补）、样条插补（A、B、C 样条）、多项式插补等。采用多种补偿功能，如间隙补偿、垂直度补偿、象限误差补偿、螺距和测量系统误差补偿、与速度相关的前馈补偿、温度补偿、带平滑接近和退出以及相反点计算的刀具半径补偿等。

（4）内装高性能 PLC。

在 CNC 系统中内装高性能 PLC 控制模块，可直接用梯形图或高级语言编程，具有直观的在线调试和在线帮助功能。编程工具中包含用于车床、铣床的标准 PLC 用户程序实例，用户可在标准 PLC 用户程序基础上进行编辑修改，从而便于建立自己的应用程序。

（5）多媒体技术应用。

多媒体技术是集计算机、声像和通信技术于一体，使计算机具有综合处理声音、文字、图像和视频信息的能力。在数控技术领域，应用多媒体技术可以做到信息处理综合化、智能化，在实时监控系统和生产现场设备的故障诊断、生产过程参数监测等方面有着重大的应用价值。

3. 体系结构的发展方向

（1）集成化。

采用高度集成化的 CPU、RISC 芯片和大规模可编程集成电路 FPGA、EPLD、CPLD 以及专用集成电路 ASIC 芯片，可提高数控系统的集成度和软硬件的运行速度。应用 FPD 平板显示技术，可提高显示器性能。平板显示器具有科技含量高、质量轻、体积小、功耗低、便于携带等优点，可实现超大尺寸显示，成为和 CRT 抗衡的新兴显示技术，是 21 世纪显示技术的主流。应用先进封装和互联技术，将半导体和表面安装技术融为一体。通过提高集成电路密度、减少互连长度和数量来降低产品价格，改进性能，减小组件尺寸，提高系统的可靠性。

（2）模块化。

硬件模块化易于实现数控系统的集成化和标准化。根据不同的功能需求，将基本模块，如 CPU、存储器、位置伺服、PLC、输入/输出接口、通信等模块，制作成标准的系列化产品，通过"积木方式"进行功能裁剪和模块数量的增减，构成不同档次的数控系统。

（3）网络化。

数控机床联网可进行远程控制和无人化操作。通过机床联网，可在任何一台机床上对其他机床进行编程、设定、操作、运行，不同机床的画面可同时显示在每一台机床的屏幕上。

（4）通用型开放式闭环控制模式。

采用通用计算机组成总线式、模块化、开放式、嵌入式体系结构，便于裁剪、扩展和升级，可组成不同档次、不同类型、不同集成程度的数控系统。闭环控制模式是针对传统的数控系统仅有的专用型单机封闭式开环控制模式提出的。由于制造过程是一个具有多变量控制和加工工艺综合作用的复杂过程，包含诸如加工尺寸、形状、振动、噪声、温度和热变形等各种变化因素，因此，要实现加工过程的多目标优化，必须采用多变量的闭环控制，在实时加工过程中动态调整加工过程变量。加工过程中采用开放式通用型实时动态全闭环控制模式，易于将计算机实时智能技术、网络技术、多媒体技术、CAD/CAM、伺服控制、自适应控制、动态数据管理及动态刀具补偿、动态仿真等高新技术融为一体，构成严密的制造过程闭环控制体系，从而实现集成化、智能化、网络化。

4. 智能化新一代 PCNC 数控系统

当前开发研究适应于复杂制造过程、具有闭环控制体系结构、智能化新一代 PCNC 数控系统已成为可能。

21 世纪的数控装备将是具有一定智能化的系统，智能化的内容包括在数控系统中的各个方面：① 为追求加工效率和加工质量方面的智能化，如加工过程的自适应控制、工艺参数自动生成；② 为提高驱动性能及使用连接方便的智能化，如前馈控制、电机参数的自适应运算、自动识别负载、自动选定模型、自整定等；③ 简化编程、简化操作方面的智能化，如智能化的自动编程、智能化的人机界面等；④ 智能诊断、智能监控方面的内容，方便系统的诊断及维修等。

为解决传统的数控系统封闭性和数控应用软件的产业化生产存在的问题，目前许多国家对开放式数控系统进行研究，如美国的 NGC（The Next Generation Work-Station/Machine Control）、欧盟的 OSACA（Open System Architecture for Control within Automation Systems）、日本的 OSEC（Open System Environment for Controller）、中国的 ONCS（Open Numerical Control System）等。数控系统开放式已经成为数控系统的未来之路。所谓开放式数控系统，就是数控系统的开发可以在统一的运行平台上，面向机床厂家和最终用户，通过改变、增加或裁剪结构对象（数控功能），形成系列化，并可方便地将用户的特殊应用和技术诀窍集成到控制系统中，快速实现不同品种、不同档次的开放式数控系统，形成具有鲜明个性的名牌产品。目前，开放式数控系统的体系结构规范、通信规范、配置规范、运行平台、数控系统功能库以及数控系统功能软件开发工具等是当前研究的核心。

网络化数控装备是近两年国际著名机床博览会的一个新亮点。数控装备的网络化将极大地满足生产线、制造系统、制造企业对信息集成的需求，也是实现新的制造模式如敏捷制造、虚拟企业、全球制造的基础单元。国内外一些著名数控机床和数控系统制造公司都在近两年推出了相关的新概念和样机，如在 EMO2001 展会中，日本山崎马扎克（MAZAK）公司展出的"Cyber Production Center"（智能生产控制中心，简称 CPC）；日本大阪（Okuma）机床公司展出的"IT Plaza"（信息技术广场，简称 IT 广场）；德国西门子（SIEMENS）公司展出的"Open Manufacturing Environment"（开放制造环境，简称 OME）等，反映了数控机床加工向网络化方向发展的趋势。

1.2.2 数控机床的分类

数控机床的种类繁多，根据数控机床的功能和组成的不同，可以从多种角度对数控机床进行分类。

1. 按运动轨迹分类

（1）点位控制系统。

这类控制系统的特点是只控制刀具相对于工件定位点的位置精度，不控制点与点之间的运动轨迹，在移动过程中刀具不进行切削。为了既提高生产效率又保证定位精度，机床工作台（或刀架）移动时采用机床设定的最高进给速度快速移动，在接近终点前进行分级或连续降速，达到低速趋近定位点，减少因运动部件惯性引起的定位误差。例如，数控钻床、数控坐标镗床、数控冲床、数控点焊机及数控测量机等，就可采用简单而价格低廉的点位控制系统，如图 1-1 所示。

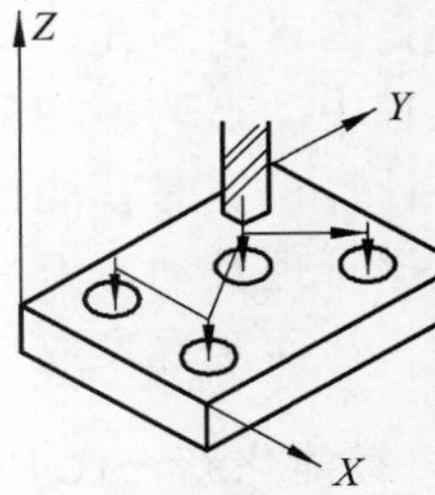

图 1-1　点位控制数控加工

（2）直线控制系统。

这类控制系统的特点是除了控制起点与终点之间的准确位置外，还要求刀具由一点到另一点之间的运动轨迹为一条直线，并能控制位移的速度。因为这类数控机床的刀具在移动过程中要进行切削加工，直线控制系统的刀具切削路径只沿着平行于某一坐标轴方向运动，或者沿着与坐标轴成一定角度的斜线方向进行直线切削加工。采用这类控制系统的机床有数控车床、数控铣床等。

同时具有点位控制功能和直线控制功能的点位/直线控制系统，主要应用在数控镗铣床、加工中心机床上。

为了在刀具磨损后在调整重磨后的刀具或更换刀具时能比较方便地得到合格的零件，这类机床的数控系统常具有刀具半径补偿功能、刀具长度补偿功能和主轴转速控制功能等，如图 1-2 所示。

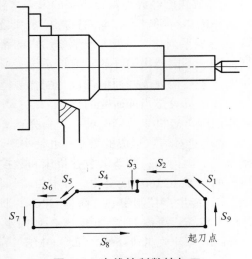

图 1-2　直线控制数控加工

（3）轮廓控制系统。

轮廓控制又称连续控制。它的特点是能够对两个或两个以上的坐标轴方向同时进行连续控制，并能对位移和速度进行严格的不间断控制；这类数控机床需要控制刀尖的整个运动轨迹，使它严格地按加工表面的轮廓形状连续地运动，并在移动时进行切削加工，可以加工任意斜率的直线、圆弧和其他函数关系曲线。采用这类控制系统的机床有数控铣床、数控车床、数控磨床、加工中心及数控绘图机等。

这类数控机床绝大多数具有两坐标或两坐标以上的联动功能，不仅有刀具半径补偿、刀具长度补偿功能，而且还具有机床轴向运动误差补偿，丝杠、齿轮的间隙补偿等一系列功能，如图 1-3 所示。

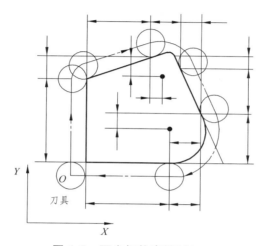

图 1-3　两坐标轮廓控制加工

按照可联动轴数，即同时控制的轴数，可以有 2 轴控制、2.5 轴控制、3～5 轴控制等。

2 轴控制即两坐标数控机床，能实现两个坐标轴的连续控制，如数控车床的 X、Z 方向可同时控制，为二维控制。

2.5 轴控制是指两个轴能连续控制，第三轴为点位或直线控制。它能实现 3 个方向（X、Y、Z）的二维控制。

3 轴控制是 3 个坐标方向（X、Y、Z）都能同时控制，为三维控制。

5 轴控制为 3 个坐标方向（X、Y、Z）与转台的转动 B 和刀具的摆动 A 同时联动。这种 5 轴同时控制的数控系统，可实现使刀具垂直于任何双曲线平面，特别适用于加工汽轮机叶片、机翼等形状复杂的曲面零件。

2．按伺服系统控制方式分类

（1）开环伺服系统。

这种控制方式不带位置测量元件。数控装置根据控制介质上的指令信号，经控制运算发出指令脉冲，使伺服驱动元件转过一定的角度，并通过传动齿轮、滚珠丝杠螺母副，使执行机构（如工作台）移动或转动。图 1-4 为开环控制系统的框图，这种控制方式没有来自位置测量元件的反馈信号，对执行机构的动作情况不进行检查，指令流向为单向，因此被称为开环控制系统。

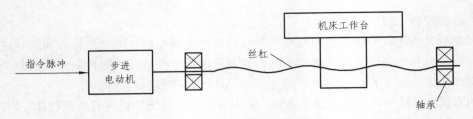

图 1-4 开环控制系统

采用步进电机伺服系统是最典型的开环控制系统。这种控制系统的特点是系统简单，调试维修方便，工作稳定，成本较低。由于开环系统的精度主要取决于伺服元件和机床传动元件的精度、刚度和动态特性，因此控制精度较低。目前，在国内开环控制系统多用于经济型数控机床，以及对旧机床的改造。

（2）闭环伺服系统。

这是一种自动控制系统，其中包含功率放大和反馈，使输出变量的值响应输入变量的值。数控装置发出指令脉冲后，当指令值送到位置比较电路时，此时若工作台没有移动，即没有位置反馈量信号时，指令值使伺服驱动电机转动，经过齿轮、滚珠丝杠螺母副等传动元件带动机床工作台移动。装在机床直线运动部件工作台上的位置测量元件，测出工作台的实际移动量后，反馈到数控装置的比较器中与指令脉冲信号进行比较，并用比较后的差值进行控制。若两者存在差值，经放大器放大后，再控制伺服驱动电机转动，直至差值为零时，工作台才停止移动。这种系统被称为闭环控制系统。图 1-5 为闭环控制系统框图。

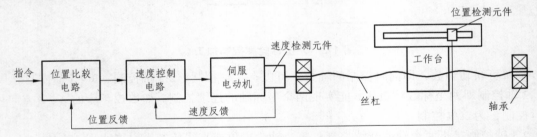

图 1-5 闭环控制系统

从理论上讲，闭环控制系统中机床工作精度主要取决于测量元件的精度，并不取决于传动系统的精度。因此，采用高精度测量元件可以使闭环控制系统达到很高的工作精度。但是由于许多机械传动环节都包含在反馈环路内，而各种反馈环节具有丝杠与螺母、工作台与导轨的摩擦，且各部件的刚性、传动链的间隙等都是可变的，因此机床的谐振频率、爬行、运动死区等造成的运动失步，可能会引起振荡，系统不易稳定，调试和维修比较复杂。闭环系统的运动精度主要取决于检测装置的精度，与传动链的误差无关。

闭环伺服系统的优点是精度高、速度快，主要用在精度要求较高的数控镗铣床、数控超精车床、数控超精镗床等机床上。

（3）半闭环伺服系统。

目前，大多数数控机床采用半闭环伺服控制系统。这种控制系统不是直接测量工作台的位移量，而是通过旋转变压器、光电编码盘或分解器等角位移测量元件，间接测量伺服机构中执行元件的转角，如把测量元件安装在伺服电机端部或丝杠端部上，通过计算换算出工作台的实际位移量，再将计算值与指令值进行比较，用比较后的差值进行控制，使机床作补充位移，直到差值消除为止。这种系统中滚珠丝杠螺母副和工作台部件均在反馈环路之外，其传动误差等仍然会影响工作台的位置精度，故称为半闭环伺服控制系统。图 1-6 为半闭环伺服系统框图。

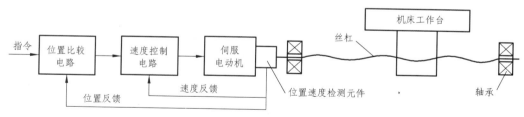

图 1-6 半闭环伺服系统

半闭环伺服系统介于开环和闭环伺服系统之间，由于角位移测量元件比直线位移测量元件结构简单，因此装有精密滚珠丝杠螺母副和精密齿轮的半闭环系统被广泛地采用。目前，已经把角位移测量元件与伺服电机设计成一个部件，使用起来更为方便。半闭环伺服系统的加工精度显然没有闭环系统高，但是由于采用了高分辨率的测量元件，这种控制方式仍可获得比较满意的精度和速度。半闭环伺服系统调试比闭环系统方便，稳定性好，成本也比闭环系统低，是一般数控机床常用的伺服控制系统。

3. 按功能水平分类

按功能水平不同可以把数控机床分为经济型、普及型和高级型 3 类。

（1）经济型数控机床。

经济型数控机床的控制系统比较简单，通常采用以步进电机作为伺服驱动元件的开环控制系统，分辨率为 0.01 m，进给速度为 8 ~ 15 m/min，最多能控制 3 个轴，可实现 3 轴三联动以下的控制，一般只有简单的 CRT 字符显示或简单数码管显示。数控系统多采用 8 位 CPU 控制。该机床程序编制方便，操作人员通过控制台上的键盘手动输入指令与数据，或直接进行操作。经济型数控机床通常采用单板机或单片机数控系统，功能较简单，价格低廉，主要用于车床、线切割机床及旧机床的改造。

（2）普及型数控机床。

普及型数控机床采用全功能数控系统，控制功能比较齐全，属于中档数控系统。通常采用半闭环的直流伺服系统或交流伺服系统，也采用闭环伺服系统。

普及型数控机床采用 16 位或 32 位微处理机的数控系统，机床进给系统中采用半闭环的交流伺服或直流伺服驱动，能实现 4 轴四联动以下的控制，分辨率为 1 μm，进给速度为 15 ~ 20 m/min，有齐全的 CRT 显示，能显示字符、图形和具有人机对话功能，具有 DNC（Direct Numerical Control，直接数字控制）通信接口。

（3）高级型数控机床。

高级型数控机床在数控系统中采用 32 位或 16 位微处理机，进给系统中采用高响应特性的伺服驱动，可控制 5 个轴，能实现 5 轴五联动以上的控制，分辨率可达到 0.1 μm，进给速度为 15 ~ 100 m/min，能显示三维图形，具有 MAP（Manufacturing Automation Protocol，制造自动化）通信接口和联网功能。

4. 按工艺用途分类

数控机床按不同工艺用途分类，有数控车床、铣床、磨床与齿轮加工机床等；在数控金属成型机床中，有数控冲压机、弯管机、裁剪机等；在特种加工机床中，有数控电火花切割机、火焰切割机、点焊机、激光加工机等。近年来在非加工设备中也大量采用数控技术，如数控测量机、自动绘图机、装配机、工业机器人等。

加工中心是一种带有自动换刀装置的数控机床，它的出现突破了一台机床只能进行一种工艺加工的传统模式。它是以工件为中心，能实现工件在一次装夹后自动地完成多种工序的加工，常见的有加工箱体类零件为主的镗铣类加工中心和几乎能够完成各种同转体类零件所有工序加工的车削中心。

近年来一些复合加工的数控机床也开始出现，其基本特点是集中多工序、多刀刃、复合工艺加工在一台设备中完成。

1.3　数控机床的基本工作原理和坐标系

1.3.1　数控机床的基本工作原理

1. 数控机床的加工过程

数控机床的加工过程，就是将加工零件的几何信息和工艺信息编制成程序，由输入部分送入计算机，经过计算机的处理、运算，按各坐标轴的分量送到各轴的驱动电路，经过转换、放大去驱动伺服电机，带动各轴运动，并进行反馈控制，使各轴精确走到要求的位置。如此继续下去，各个运动协调进行，实现刀具与工件的相对运动，一直加工完零件的全部轮廓。

数控机床在钻削、镗削或攻螺纹等加工（常称为点位控制）中，是在一定时间内，使刀具中心从 A 点移动到 C 点，即刀具在 X、Y 轴移动以最小单位量计算的程序给定距离，它们的合成量为 A 点和 C 点间的距离。但是，对刀具轨迹没有严格的限制，可先使刀具在 X 轴上由 A 点移动到 D 点，然后再沿 Y 轴从 D 点移动到 C 点；也可以两个坐标以相同的速度，使刀具移动到 B 点，再沿 X 轴移动到 C 点，这样的点位控制，是要严格控制点到点之间的距离，而与所走的路径无关。因为这种距离通常都用最小的位移（0.001 mm）表示，而且要准确地停在到达点处（其误差以 0.001 mm 来计算），所以这种要求实际上是很高的。

2. 轮廓加工控制

数控机床对轮廓加工的控制过程包括加工平面曲线和空间曲线两种情况。对于平面（二维）的任意曲线 L，要求刀具 T 沿曲线轨迹运动，进行切削加工，将曲线 L 分割成：l_0、l_1、$l_2 \cdots l_i$ 等线段。用直线（或圆弧）代替（逼近）这些线段，当逼近误差 δ 相当小时，这些折线段之和就接近了曲线。由数控机床的数控装置进行计算、分配，通过两个坐标轴最小单位量的单位运动（Δx、Δy）的合成，不断连续地控制刀具运动，不偏离地走出直线（或圆弧），从而非常逼真地加工出平面曲线。对于空间（三维）曲线，如图 1-7（c）中的 $f(x, y, z)$，同样可用一段一段的折线（Δl_i）去逼近它，只不过这时的 Δl_i 的单位运动分量不仅是 Δx 和 Δy，还有一个 Δz。

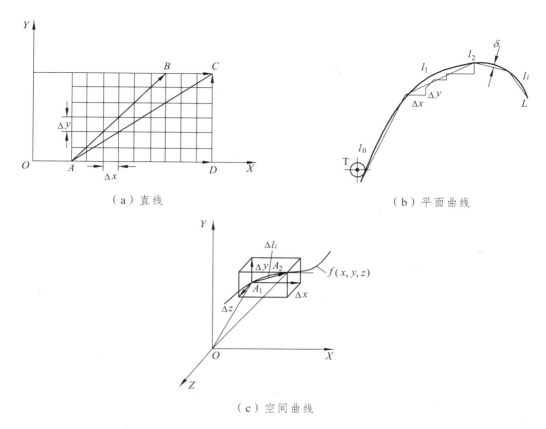

（a）直线

（b）平面曲线

（c）空间曲线

图 1-7　数控机床加工直线、曲线原理

这种在允许的误差范围内，运用沿曲线（精确地说，是沿逼近函数）的最小单位移动量合成的分段运动代替任意曲线运动，以得出所需要的运动，是数字控制的基本构思之一。轮廓控制也称连续轨迹控制，它的特点是不仅对坐标的移动量进行控制，而且对各坐标的速度及它们之间的比率都要进行严格控制，以便加工出给定的轨迹。

通常把数控机床上刀具运动轨迹是直线的加工，称为直线插补；刀具运动轨迹是圆弧的加工，称为圆弧插补。插补是指在被加工轨迹的起点和终点之间，插进许多中间点，进行数据点的密化工作，然后用已知线型（如直线、圆弧等）逼近。一般的数控系统都具有直线、圆弧插补。随着科学技术的迅速发展，许多生产数控系统的厂家，逐渐推出了具有抛物线插补、螺旋线插补、极坐标插补、样条曲线插补、曲面直接插补等功能丰富的数控系统，以满足用户的不同需要。

机床的数字控制是由数控系统完成的。数控系统包括 CNC 装置、伺服驱动装置、可编程控制器和检测装置等。数控装置能接收零件图纸加工要求的信息，进行插补运算，实时地向各坐标轴发出速度控制指令。伺服驱动装置能快速响应数控装置发出的指令，驱动机床各坐标轴的运动，同时能提供足够的功率和扭矩。伺服控制按其工作原理可分两种控制方式：关断控制和调节控制。关断控制是将指令值与实测值在关断电路的比较器中进行比较，相等后发出信号，控制结束。这种方式用于点位控制。调节控制是数控装置发出运动的指令信号，伺服驱动装置快速响应跟踪指令信号。检测装置将坐标位移的实际值检测出来，反馈给数控装置调节电路中的比较器，不断比较指令值与反馈的实际值，不断发出信号，直到差值为零，运动结束。这种方式适用于连续轨迹控制。

在数控机床上除了上述轨迹控制和点位控制外，还有许多动作，如主轴启停、刀具更换、冷却液开关、电磁铁吸合、电磁阀启闭、离合器开合、各种运动的互锁与联锁、运动行程限位、急停、报警、进给保持、循环启动、程序停止、复位等。这些都属于开关量控制，一般由可编程控制器（Programmable Controller，PC，也称为可编程逻辑控制器 PLC，又称为可编程机床控制器 PMC，以下均称为 PLC）来完成，开关量仅有 0 和 1 两种状态。显然可以很方便地融入机床数控系统中，实现对机床各种运动协调的数字控制。

3. 数控机床的基本控制要求

通常，对数控机床的电气控制主要有运动控制和逻辑控制两种基本形式。其中，运动控制有位移、速度、加速度三要素及其组合控制。例如，机床各伺服轴的插补运动控制，主轴速度、主轴定位控制及主轴和各轴的插补控制等。另一种控制形式——逻辑控制又分为简单逻辑输入、输出控制和组合逻辑控制。例如，对主轴电机的正反转、停止控制，冷却泵电机的启动、停止控制，机械原点限位开关信号的检测等，它们都可通过控制系统的逻辑编程来实现，属于简单逻辑控制。而定时润滑、刀库控制、主轴管理等，需要用 PLC 来实现，属于组合逻辑的输入、输出控制。此外，根据各机床功能要求的不同，对运动控制、联动轴数、逻辑控制的点数及复杂程度的要求都有所不同。

4. 数控机床常用的调试功能

在数控机床的工作过程中，由于刀具磨损、工件装夹等原因，需对机床各轴的位置进行调整，从而使机床的调试时间占有相当大的比例。为了缩短机床调试时间，提高有效加工时间，提供一套良好的机床调试手段具有相当重要的意义。目前比较常用的调试功能如下：

（1）具有手动功能（即点动、定长、手摇脉冲发生器进给功能）；

（2）具有回零、回机械原点功能；

（3）具有实时速度倍率调整功能；

（4）具有刀具半径磨损、刀长磨损补偿功能；

（5）具有对平行度、找矩形中心线及中心点功能；

（6）具有寻找圆心功能；

（7）具有自动对刀、换刀功能；

（8）具有刀具补偿功能等。

1.3.2　数控机床的结构

数控机床是由普通机床演变而来的，它的控制采用计算机数字控制方式，其各个坐标方向的运动均采用单独的伺服电机驱动，取代了普通机床上联系各坐标方向运动的复杂齿轮传动链。如图 1-8 所示，它是由 X、Y、Z 三个坐标来实现刀具和工件间的相对运动的立式数控铣床。数控机床由信息输入、信息运算及控制、伺服驱动系统和位置检测反馈、机床本体、机电接口五大部分组成。

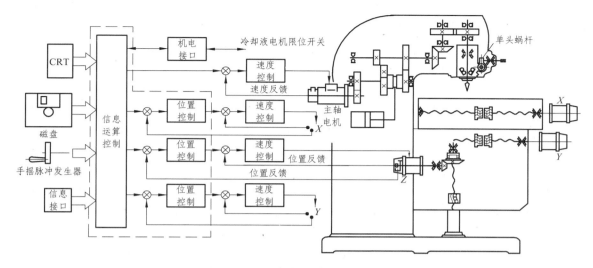

图 1-8　数控机床的结构

1. 信息输入

这一部分是数控机床的信息输入通道，加工零件的程序和各种参数、数据通过输入设备送进计算机系统（数控装置）。早期的输入方式为穿孔纸带、磁带，目前较多采用磁盘。在生产现场，特别是一些简单的零件程序都采用按键、配合显示器（CRT）的手动数据输入（MDI）方式；手摇脉冲发生器输入都是在调整机床和对刀时使用；通过通信接口，可由上位机输入。

2. 信息运算及控制

数控装置是由中央处理单元（CPU）、存储器、总线和相应的软件构成的专用计算机，它接收到输入信息后，经过译码、轨迹计算（速度计算）、插补运算和补偿计算，再给各个坐标的伺服驱动系统分配速度、位移指令。这一部分是数控机床的核心。整个数控机床的功能强弱主要由这一部分决定。它具备的主要功能如下：

（1）具有多轴联动、多坐标控制；

（2）具有实现多种函数的插补（直线、圆弧、抛物线、螺旋线、极坐标、样条曲线等）；

（3）具有多种程序输入功能（人机对话、手动数据输入、由上级计算机及其他输入设备的程序输入），以及编辑和修改功能；

（4）具有信息转换功能，包括 EIA/ISO 代码转换、公制/英制转换、坐标转换、绝对值/增量值转换等；

（5）具有补偿功能，如刀具半径补偿、刀具长度补偿、传动间隙补偿、螺距误差补偿等；

（6）具有多种加工方式选择功能，可以实现各种加工循环、重复加工、凹凸模加工和镜像加工等；

（7）具有故障自诊断功能；

（8）具有显示功能，用 CRT 可以显示字符、轨迹、平面图形和动态三维图形；

（9）具有通信和联网功能。

3. 伺服驱动系统和位置检测反馈

伺服驱动系统又称为伺服驱动装置，它接收计算机运算处理后分配来的信号。该信号经过调解、转换、放大以后驱动伺服电机，带动数控机床的执行部件运动。数控机床的伺服驱动装置分为主轴驱动单元（主要是速度控制）、进给驱动单元（包括速度控制和位置控制）、回转工作台和刀库伺服控制装置以及与其相应的伺服电机等。伺服系统分为直流伺服系统和交流伺服系统，而交流伺服系统正在取代直流伺服系统；以步进电机驱动的伺服系统在某些具体场合仍可采用；直线电机系统是适应高速、高精度的一种伺服机构。在伺服系统中还包括安装在伺服电机上（或机床的执行部件上）的速度、位移检测元件及相应电路，该部分能及时将信息反馈回来，构成闭环控制（交流数字闭环控制中还包括电流检测反馈）。常用检测装置为测速发电机、旋转变压器、脉冲编码器、感应同步器、光栅、磁性检测元件、霍耳检测元件等组成的系统。一般来说，数控机床的伺服驱动系统，要求具有很好的快速响应性能，以及能够灵敏而准确地跟踪指令的功能。所以，伺服驱动及检测反馈是数控机床的关键环节。

4. 主机（机床本体）

数控机床的主机包括机床的主运动部件、进给运动部件、执行部件和基础部件，如床身、底座、立柱、滑鞍、工作台（刀架）、导轨等。数控机床与普通机床不同，它的主运动、各个坐标轴的进给运动都由单独的伺服电机（无级变速）驱动，所以它的传动链短、结构比较简单。普通机床上各个传动链之间有复杂的齿轮联系，在数控机床上改由计算机来协调控制各个坐标轴之间的运动关系。为了保证数控机床的快速响应特性，在数控机床上普遍采用精密滚珠丝杠和直线滚动导轨副。为了保证数控机床的高精度、高效率和高自动化加工，机床的机械结构应具有较高的动态特性、动态刚度、阻尼精度、耐磨性以及抗热变形性能。在加工中心上还具备有刀库和自动交换刀具的机械手；同时，还有一些良好的配套设施，如冷却、自动排屑、防护、润滑、编程机和对刀仪等，以利于充分发挥数控机床的功能。

5. 机电接口

数控机床上除了点位、轨迹控制采用数字控制外，还有许多其他的控制，如主轴的启停、刀具的更换、工件的夹紧与松开、各种辅助交流电动机的启停、电磁铁的吸合与释放、离合器的开合、电磁阀的打开与关闭等。它们的动力来源是由电源变压器、控制变压器、各种断路器、保护开关、接触器、功率断路器及熔断器等组成的强电线路提供的，而这种强电线路不能与低压下工作的控制电路或弱电线路直接连接，只能通过断路器、热动开关、中间继电器等转换成直流低压下工作的触点的开合（关）工作，成为继电器逻辑电路或 PLC 可接收的信号。其他还有为了保证人身和设备安全、为了操作、为了兼容性所必需的如急停、进给保持、循环启动、NC 准备好、行程限位、JOG 命令（手动连续进给）、NC 报警、程序停止、复位、M 信号、S 信号、T 信号等信号，这些信号也需由 PLC 来传送。这些动作都按机床工作的逻辑顺序由 PLC 来完成。PLC 控制的虽是动作先后逻辑顺序，但它处理的是数字信息 0 和 1。不管是由 PLC 本身的 CPU，还是由数控装置内的 CPU 来处理这些信息，数控机床的计算机都能将数字控制信息和开关量控制信息很好地协调起来，实现正常的运转和工作。

以上这些都是属于数控装置和机床之间的接口问题，统称为机电接口。解决这些问题，首先要知道数控机床上有哪些动作，其次是这些动作的先后顺序，以及它们之间的逻辑（联锁、互锁等）关系等。

数控机床除了实现加工零件轮廓轨迹控制外，还有其他许多动作。例如，数控车床上刀架的自动回转，加工中心上刀库的自动换刀，冷却液的开停，各坐标的行程限位，各个运动的互锁、联锁，机床的急停，循环启动，进给保持，程序停止，以及各种离合器的开合、电磁铁的通断、电磁阀的开闭等。这些属于开关量控制，一般采用可编程控制器（简称 PC，也称顺序控制器）来实现。

从图 1-8 中可以看出，数控机床比普通机床的传动简单，传动件少，但要求零部件的制造精度高、刚度高，进给传动系统应轻快、灵敏，并采用无间隙传动。从计算机的硬件体系结构看，与一般计算机没有什么区别，主要区别在于软件。这里的软件应能支持计算机完成零件形状轨迹的插补运算，而对其科学计算和文字处理功能不作具体要求。普通计算机的外设多为打印机、绘图机等，而在数控机床上的计算机输出微弱信号后，要放大近百万倍才能驱动工作台移动，而且这种过程的响应时间是毫秒级，最小位移量约为 0.001 mm。

综上所述，一般将信息输入、运算及控制、伺服驱动中的位置控制、PC 控制统称为数控系统；将它们安装在一个类似柜式的装置中，称为数控装置。伺服驱动（常指速度控制环）单元、伺服电机、机械传动环节统称为伺服系统。伺服电动机（带检测反馈元件）及伺服驱动单元等在市场上都有配套产品。

1.3.3 数控机床的坐标系

1. 数控机床的坐标系和运动方向的规定

为统一数控机床坐标和运动方向的描述,国家有关部委颁布了 GB/T 19660—2005 工业自动化系统与集成机床数值控制坐标系和运动命名。它规定：不管是刀具还是工件移动的机床，都看作是刀具相对静止的加工工件移动。对于安装在机床上的工件，机床的直线运动坐标系都采用右手定则，如图 1-9 所示。加工程序编制时，采用建立在工件的右手直角坐标系作为标准坐标系。

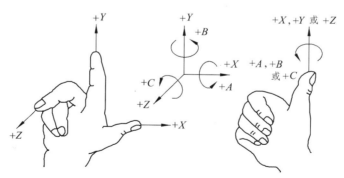

图 1-9 右手直角坐标系

在数控机床中，直线运动的坐标轴按 ISO 标准规定为一个右手直角笛卡儿坐标系，在图 1-9 中确定了直角坐标 X、Y、Z 三者的关系及其方向，并规定围绕 X、Y、Z 各轴的回转运动的名称及方向。X、Y、Z 坐标轴的相互关系用右手定则决定，如图 1-9 中大拇指的方

向为 X 轴的正方向，食指指向为 Y 轴的正方向，中指指向为 Z 轴的正方向。围绕 X、Y、Z 轴圆周进给运动坐标轴分别用 A、B、C 表示，根据右手螺旋定则，在图 1-9 中以大拇指指向为 $+X$ 方向，则食指、中指的指向就分别是 $+Y$、$+Z$ 方向，以 $+X$、$+Y$、$+Z$ 方向法线的圆周进给运动分别标识为 $+A$、$+B$、$+C$ 方向。则数控机床标准坐标系中各坐标轴的确定方法如下：

（1）Z 坐标轴。

① 对于工件旋转的机床（车床，内、外圆磨床等）：Z 坐标轴取与工件旋转轴平行，取从主动轴看刀具的方向作为其正方向。

② 对于刀具旋转的机床（铣床、钻床、铰床等）：

a. 主轴方向固定的机床，Z 坐标轴取与主轴平行（如各种升降台铣床、立式钻床、立式镗床、卧式镗铣床）。

b. 主轴方向不固定而可转动。在转动范围内，主轴如能与标准坐标系的一根坐标轴平行时，就取该坐标系为 Z 坐标轴（如龙门铣床等）。主轴若能与标准坐标系的两根以上的坐标轴平行时，则取垂直于主轴安装面的方向作为 Z 坐标轴。

c. 取从工件看刀具旋转轴（主轴）方向作为其正方向。

③ 对于工件刀具都不旋转的机床（牛头刨床、单臂刨床等）：Z 坐标轴取与机床的工件安装面垂直，取工件与刀具间隔增加的方向为其正方向。

（2）X 坐标轴。

① 对于工件旋转的机床：在与 Z 坐标轴垂直的平面内，取刀具的运动方向为 X 坐标轴，取刀具离开主轴旋转中心线的方向作为其正方向。

② 对于刀具旋转的机床：

a. Z 坐标轴处于水平时，X 坐标轴在与 Z 坐标轴垂直的平面内取水平方向，取面向 Z 坐标轴正方向的左手方向为正方向。

b. Z 坐标轴处于垂直时，X 坐标轴取由工作台面向立柱时的左右方向，并取其右手方向为正方向；但对于龙门式与龙门移动式的机床，以面对机床为正面，人的视线方向为 X 坐标轴的正方向。

③ 对于工件和刀具都不旋转的机床：取刀具运动坐标与切削运动方向平行，并以切削运动方向作为正方向。当主切削运动的方向与 Z 坐标轴重合时，X 坐标轴取由工作台面向立柱时的左右方向，并取其右手方向作为正方向。

（3）Y 坐标轴。

Y 坐标轴取与 Z、X 坐标轴垂直的方向，其正方向应使两根坐标轴构成标准坐标系。

以上标准坐标系确定以后，机床坐标轴的决定方法如下：

① 在工件相对刀具做主体运动的机床上，与工件运动方向平行的坐标轴的正方向和标准坐标系的正方向相反。

② 在刀具相对工件做主体运动的机床上，与刀具运动方向平行的坐标轴的正方向和标准坐标系的正方向一致。

（4）旋转或摆动坐标轴。

旋转或摆动运动 A、B、C 的正方向分别沿 X、Y、Z 轴的右螺旋前进的方向，如图 1-9 和图 1-10 所示。

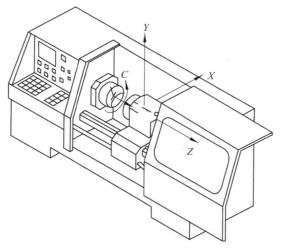

图 1-10 数控车床

（5）其他附加坐标轴。

通常将 X、Y、Z 作为主坐标系，也称第一坐标系。除了第一坐标系外，还有平行于主坐标系的第二直线运动，称为第二坐标系，对应命名为 U、V、W 轴；若还有第三直线运动时，则对应地命名为 P、Q、R 轴，称为第三坐标系。如图 1-11 所示，数控卧式镗铣床的镗杆运动为 Z 轴，立柱运动为 W 轴。

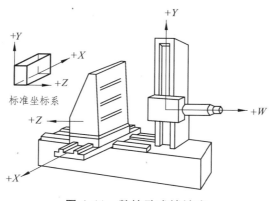

图 1-11 数控卧式镗铣床

2. 数控机床的坐标系

（1）数控机床的坐标系与机床原点。

数控机床坐标系为机床上固有的坐标系，并有其固定的坐标原点，即机床原点（又称机械原点）。机床上有一些固定不变的基准线，如主轴的中心线；固定的基准面，如工作台工作表面、主轴端面、工作台侧面和 T 形槽侧面等。当机床的坐标轴返回各自原点（也称零点）后，用坐标轴的基准线和基准面之间的距离来决定机床原点的位置，该点在数控机床的使用说明书上有说明。如立式数控铣床的机床原点为 X、Y 轴，如图 1-12 所示。当各自返回原点后，在主轴中心线与工作台面的交点处，可通过测量主轴中心线至工作台的两个侧面的距离来决定。

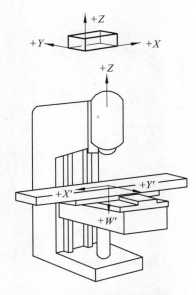

图 1-12　数控立式升降台铣床

一般数控机床原点是生产厂家在制造机床时设置的固定坐标系原点，也称机床零点，它是在机床装配、调试时就已经确定下来的，一般都在数控机床坐标系的极限位置，它是数控机床进行加工运动的基准点，也是机床检测的基准。对于数控钻铣床及铣削加工中心，X、Y、Z 轴都在坐标系的正方向极限位置上，如果此时数控机床继续向正向移动，就会超程。对于加工旋转体的数控机床，其机床零点一般取卡盘端面法兰盘与主轴中心线的交点处，如图 1-13 所示。

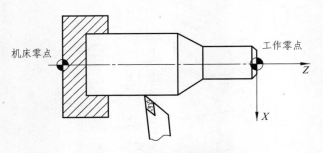

图 1-13　数控车床零点

（2）数控机床编程原点。

编程原点是编程人员根据加工零件图纸选定的编制程序的坐标原点，也称编程零点或程序零点。编程人员在选择设置零点时，应尽可能选择在零件的设计基准或工艺基准上，安装零件时应尽可能使"定位基准"与"设计基准"重合。

在数控加工中，选择确定工件零点是非常重要的，因为工件零点是零件加工时刀具相对零件运动的"基准点"，这一点往往是刀具加工的起点，有时也是刀具加工的终点。这一点可设在被加工零件上，也可以设在夹具上与零件定位基准有一定关联的位置上。工件零点是零件安装好后，通过"对刀"找正确定下来的，所以有人又称这一点为"对刀点"。选择确定工件零点的原则如下：

18

① 所选的零点，便于数学计算，能简化程序的编制；

② 工件零点应选在容易找正、在加工过程中便于检查的位置上；

③ 工件零点应尽可能选在零件的设计基准或工艺基准上，使加工引起的误差最小。

使用对刀确定工件零点时，在零件安装好后，就需要进行"对刀"。所谓"对刀"是指使"刀位点"与"对刀点"重合的操作。"刀位点"是指刀具的定位基准点。对于立铣刀来说，"刀位点"是刀具的旋转轴线与刀具底面的交点；球头铣刀是球头的球心点；钻头是钻尖；车刀是刀尖；切断车刀有左右两个刀位点。

选择对刀点除选在零件的设计基准或工艺基准上之外，还应选在对刀较方便的地方，使对刀工作能方便地进行。

对刀找正工件零点（编程零点）的方法，即"刀位点"与"对刀点"的重合操作：先把零件毛坯初步安装，用千分表找正零件的基准面，然后夹紧。对刀找正零点步骤如下：

① 操作机床回机械零点；

② 移动机床将对刀杆慢慢接近工件。

若 X 方向坐标显示"-169.36"，Y 方向坐标显示"-75.68"，Z 方向坐标显示"-188.56"，则把相对机床零点的坐标值记录下来。

试计算工件零点坐标，设对刀杆球直径为 $\phi16$ mm，可得

$$X = -169.36 + (-8) = -177.36$$

$$Y = -75.68 + 8 = -67.68$$

$$Z = -188.56 \text{（用实际切削刀具对刀，不需要加减）}$$

把以上 X、Y、Z 计算结果存入编程时选择的零点指令里（G54 ~ G59）即可，找正零点工作结束。

（3）数控机床工件坐标系和工件原点。

工件坐标系是编程人员在编制零件加工程序时根据零件图纸所确定的坐标系。它是编程人员在程序编制时根据所加工零件的图纸确定某一固定点为原点所建立的坐标系，编程对其编程尺寸都按工件坐标系中的坐标值确定。在加工时，工件随夹具安装在机床上后，测量工件原点与机床原点间的距离（通过测量某些基准面、线之间的距离确定），此方法称为工件原点偏置，如图 1-14 所示。加工前，将该偏置输入到数控装置，加工时工件原点偏置值便能自

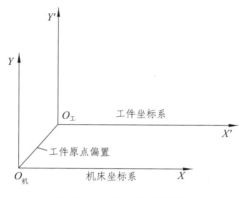

图 1-14 工件原点偏置

动加到工件坐标系上，使数控系统按机床坐标系确定的工件的坐标值进行加工。有了原点偏置，编程人员可在编程时不考虑工件在机床上的安装位置和安装精度，而利用数控系统的原点偏置功能，通过工件原点偏置，补偿工件的装夹误差。

（4）数控机床的绝对坐标与相对坐标。

刀具（或工件）运动位置的坐标值均是相对于某一固定坐标原点计算的坐标系，称之为绝对坐标系。如图 1-15 所示，A、B 两点的坐标值是相对于固定坐标原点计算的，其坐标值分别为：$X_A = 10$，$Y_A = 15$；$X_B = 25$，$Y_B = 40$。

刀具（或工件）运动位置的终点坐标值均是相对于起点坐标计算的坐标系，称之为相对坐标系（或增量坐标系），常用代码表中的第二坐标系 U、V、W 表示。U、V、W 分别与 X、Y、Z 轴平行且同向。在图 1-16 中，B 点是相对于起点 A 给出的，其增量坐标值为：$U_B = 15$，$V_B = 25$。

因此，以起点 A 为原点建立的 U-V 坐标系称为增量（相对）坐标系。

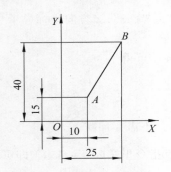
图 1-15　绝对坐标

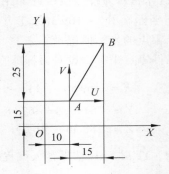
图 1-16　相对坐标

1.4　数控机床的自由度

一般机械的自由度是指具有确定运动时所必须给定的独立运动参数的数目。例如，在笛卡儿坐标系中，具有沿 X、Y、Z 三坐标轴直线移动和绕三坐标轴旋转的 6 个自由度。数控机床不受空间 6 个自由度的限制，只要存在一个能独立运动的直线轴或旋转轴，就称为有一个轴或一个坐标。如果有 3 个能独立运动但相互平行的直线轴，也称为三轴或三坐标，因此，数控机床可能不止 6 个自由度（或称为六轴、六坐标）。

数控机床在进行连续（轨迹）控制过程中，若干轴同时动作或同时受控称为联动。能联动的轴数越多，说明数控系统的功能越强，同时数控机床的加工功能也越强。图 1-17 为棒铣刀加工外凸轮，工件相对刀具的轨迹是平面曲线，则为 X-Y 轴联动（即 2 轴联动），若铣刀长度较短而凸轮较宽，铣刀一次不能加工出整个凸轮宽度，而是每次沿凸轮轨迹加工一周后自动沿 Z 轴进给（与 X，Y 轴不联动）一段下周期凸轮宽度方向的切削量，接着再按凸轮轨迹循环加工直至完成，则称其为 2.5 轴联动。当 X、Y、Z 轴可同时连续控制，则为 3 轴联动，如图 1-18 所示，3 轴联动可加工空间曲面。

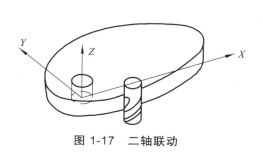

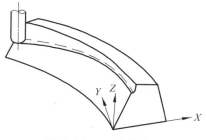

图 1-17   二轴联动   图 1-18   三轴联动

几轴几联动是数控机床的重要技术指标。如 3 轴 2 联动数控铣床，具有 X、Y、Z 3 个直线轴，可令任意两轴联动，一般只能加工平面曲线，而 3 轴 3 联动则可加工简单空间曲面。若是 4 轴 3 联动数控铣床，即 3 条直线和 1 个旋转轴可任意三轴联动，则可加工较复杂的空间曲面。

1.5   数控机床的应用范围和特点

1.5.1   数控机床的应用范围

现代大工业生产中已广泛采用刚性自动化装置，如汽车工业中大量采用的组合机床自动生产线。这类专用化的组合机床自动生产线及自动车间等所谓的"刚性制造系统"适用于大批量零件的生产。其生产效率高，经济效益好。但是，这种刚性制造系统很难改变已定型的加工对象，适应产品变化的范围小。

数控机床是一种可编程的通用加工设备，但是因设备投资费用较高，还不能用数控机床完全替代其他类型的设备，因此，数控机床的选用有其一定的适用范围。数控机床最适宜加工结构比较复杂、精度要求高的零件，以及产品更新频繁、生产周期要求短的多品种小批量零件的生产。

图 1-19 可粗略地表示数控机床的应用范围。从图 1-19（a）中可以看出，通用机床多适用于零件结构不太复杂、生产批量较小的场合；专用机床适用于生产批量很大的零件；数控机床对于形状复杂的零件尽管批量小也同样适用。随着数控机床的普及，数控机床的适用范围也越来越广，对于一些形状不太复杂而重复工作量很大的零件，如印制电路板的钻孔加工等，由于数控机床生产率高，也已大量使用。因而，数控机床的适用范围已扩展到图 1-19（a）中阴影部分所示的范围。

图 1-19（b）表示当采用通用机床、专用机床及数控机床加工时，零件生产批量和零件总加工费用之间的关系。据有关资料统计，当生产批量在 100 件以下，用数控机床加工具有一定复杂程度零件时，加工费用最低，能获得较高的经济效益。

由此可见，数控机床最适宜加工以下类型的零件：

（1）生产批量小的零件（100 件以下）；

（2）需要进行多次改型设计的零件；

（3）加工精度要求高、结构形状复杂的零件，如箱体类、曲线、曲面类零件；

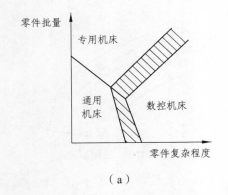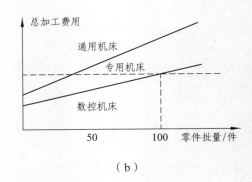

（a）　　　　　　　　　　　　　（b）

图 1-19　数控机床的应用范围

（4）需要精确复制和尺寸一致性要求高的零件；

（5）价值昂贵的零件，这种零件虽然生产量不大，但是如果加工中因出现差错而报废，将产生巨大的经济损失。

1.5.2　数控机床的特点

数控机床与通用机床、专用机床相比，具有以下主要特点：

（1）提高加工零件的精度，稳定产品的质量。

（2）能完成普通机床难以完成或根本不能加工的复杂零件加工。例如，采用二轴联动或二轴以上联动的数控机床，可加工母线为曲线的旋转体曲面零件、凸轮零件和各种复杂空间曲面类零件。

（3）生产率高。与普通机床相比，采用数控机床可提高生产率 2～3 倍，尤其对某些复杂零件的加工，如果采用带有自动换刀装置的数控加工中心，可实现在一次装夹下进行多工序的连续加工，生产率可提高十几倍甚至几十倍。

（4）对产品改型设计的适应性强。当被加工零件改型设计后，在数控机床上只需要重新编写新零件的加工程序，更换一条新的穿孔纸带，或者用手动输入新零件的程序，就能实现对改型设计后零件的加工。因此，数控机床可以很快地从加工一种零件转换为加工另一种改型设计后的零件，这就为单件、小批量新试制产品的加工，为产品结构的频繁更新提供了极大的方便。

（5）有利于制造技术向综合自动化方向发展，数控机床是机械加工自动化的基本设备，是新一代生产技术柔性制造单元（Flexible Manufacturing Cell，FMC）、柔性制造系统（Flexible Manufacturing System，FMS）、计算机集成制造系统（Computer Integrated Manufacturing System，CIMS）的基本工作单元。以数控机床为基础建立起来的 FMC、FMS、CIMS 等综合自动化系统使机械制造的集成化、智能化和自动化得以实现，这是由于数控机床控制系统采用数字信息与标准化代码输入并具有通信接口，容易实现数控机床之间的数据通信，最适宜计算机之间的连接，组成工业控制网络，实现自动化生产过程的计算、管理和控制。

（6）减轻工人劳动强度、改善劳动条件。

习 题

1. 数控技术的发展阶段是根据什么划分的？

2. 数控技术的发展趋势表现在哪几个方面？

4. 数控机床由哪几部分组成？各有什么作用？

5. 试述数控系统的标准、规范和技术指标。

6. 什么是机床坐标系、编程坐标系和局部坐标系？

7. 数控机床的编程坐标系是如何确定的？

8. 什么是绝对坐标、相对坐标？

9. 何谓最小设定单位？它影响数控机床的什么性能？

10. 何谓几轴几联动？它影响数控机床的什么性能？

11. 为何要规定数控机床的坐标和运动方向？

12. 试用同一原理框图反映出开环、半闭环、闭环控制系统的组成，并简单叙述它们之间的不同之处和各自的优缺点。

13. 试述点位控制系统与轮廓（连续）控制系统的根本区别和各自的应用场合。

14. 试述数控机床的自由度。

15. 解释下面的名词：对刀点、工件零点、机械原点、程序原点、参考点。

16. 简述数控机床是如何分类的。

2 数控编程的基础知识

2.1 数控编程的内容和方法

2.1.1 数控编程的作用与目的

所谓数控编程，就是把零件的图形尺寸、工艺过程、工艺参数、机床的运动以及刀具位移等内容，按照数控机床的编程格式和能识别的语言记录在程序单上的全过程。这样编制的程序还必须按规定把程序单制备成控制介质，如程序纸带、磁盘等，变成数控系统能读取的信息，再送入数控系统。当然，也可以用手动数据输入方式（MDI）将程序输入数控系统。因为这个程序叫零件加工程序，所以这个过程简称加工程序编制。

加工程序的编制工作是数控机床使用中最重要的一环，因为程序编制的好坏直接影响数控机床的正确使用和数控加工特点的发挥。在工作中，程序员要不断积累编程经验和编程技巧，提高编程效率。

2.1.2 数控编程的内容和步骤

1. 数控编程的内容

数控编程的主要内容包括：分析零件图纸，确定加工工艺过程；计算走刀轨迹，得出刀位数据；编写零件加工程序；制作控制介质；校对程序及首件试加工。

2. 数控编程的步骤

数控机床对零件加工过程的编程步骤如图 2-1 所示。

（1）分析零件图纸阶段。

分析零件图纸阶段：主要是分析零件的材料、形状、尺寸、精度及毛坯形状和热处理要求等，以便确定该零件是否适宜在数控机床上加工，适宜在哪台数控机床上加工。有时还要确定在某台数控机床上加工该零件的哪些工序或哪几个表面。

（2）工艺分析处理阶段。

工艺分析处理阶段的主要任务是确定零件加工工艺过程。换言之，就是确定零件的加工方法（如采用的工夹具、装夹定位方法等）、加工路线（如对刀点、走刀路线等）和加工用量等工艺参数（如走刀速度、主轴转速、切削宽度和深度等）。

（3）数学处理阶段。

根据零件图纸和确定的加工路线，计算出走刀轨迹和每个程序段所需的数据。如零件轮廓相邻几何元素的交点和切点坐标的计算，称为基点坐标的计算；对于非圆曲线（如渐开线、双曲线等），需要用小直线段或圆弧段逼近，根据要求的精度要计算逼近零件轮廓时相邻几何

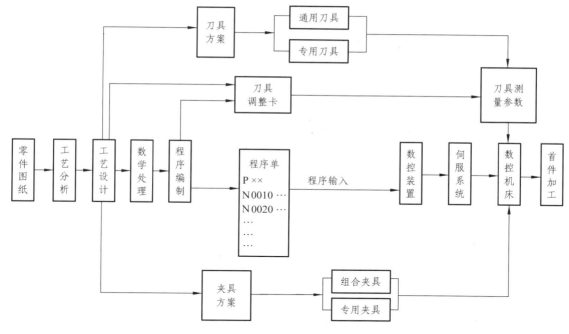

图 2-1 数控机床的编程过程

元素的点或切点坐标，称为节点坐标的计算；自由曲线、曲面及组合曲面的数据更为复杂，必须使用计算机辅助计算。

（4）程序编制阶段。

根据加工路线计算出的数据和已确定的加工用量，结合数控系统的加工指令和程序段格式，逐段编写零件的加工程序单。

（5）制作控制介质。

控制介质就是记录零件加工程序信息的载体，常用的控制介质有穿孔纸带和磁盘。制作控制介质就是将程序单上的内容用标准代码记录到控制介质上，如通过计算机将程序单上的代码记录在磁盘上等。

（6）程序校验和首件试加工。

控制介质上的加工程序必须经过校验和试加工合格，才能认为这个零件的编程工作结束，然后进入正式加工。

一般来说，可通过穿孔机的复核功能检验穿孔纸带是否有误；也可把被检查的介质作为数控绘图机的控制介质，控制绘图机自动描绘出零件的轮廓形状或刀具的运动轨迹，与零件图上的图形对照检查；在具有图形显示功能的数控机床上，在 CRT 上用显示走刀轨迹或模拟刀具和工件的切削过程的方法进行检查更为方便；对于复杂的空间零件，则需使用铝件或木件进行试切削。后 3 种方法查出错误的方法快。发现有错误，或修改程序单，或采取尺寸补偿等措施进行修正，如不能知道加工精度是否符合要求，只有进行首件试切削，即可查出程序上的错误，并可知道加工精度是否符合要求。

2.1.3 数控编程的方法

数控编程的方法主要有两种：即手工编程和自动编程。

1. 手工编程

由分析零件图纸、制订工艺规程、计算刀具运动轨迹、编写零件加工程序单、制作控制介质直到程序校核，整个过程主要由人来完成。这种人工制备零件加工程序的方法称为手工编程。在手工编程中，也可以利用计算机辅助计算得出坐标值，再由人工编制加工程序。

对于几何形状不太复杂的较简单零件，计算较简单，加工程序不多，采用手工编程较容易实现，但是，对于形状复杂，具有非圆曲线、列表曲线、列表曲面、组合曲面的零件，计算相当烦琐，程序量非常大，易出错，难校对，手工编程难于胜任，甚至无法编出程序来，即使编出来，效率低，出错率高。据国外统计以及我国的生产实践说明，用手工编程时，一个零件的编程时间与机床上的加工时间之比，平均约为 30∶1。这样数控机床的作用就远远没有发挥出来。为了缩短编程的时间，提高数控机床的利用率，必须采用自动编程的方法。

数控机床程序编制又称数控编程，是指程序员或数控机床操作者，根据零件图样和工艺文件的要求，编制出可在数控机床上运行以完成规定加工任务的一系列指令的过程。具体来说，数控编程是由分析零件图样和工艺要求开始到程序检验合格为止的全部过程。一般数控编程方法如图 2-2 所示。

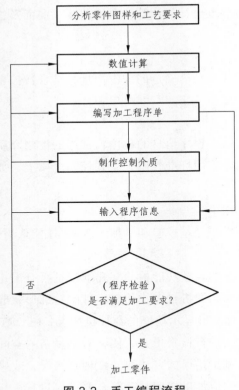

图 2-2　手工编程流程

编制好的程序，在正式用于生产加工前，必须进行程序运行检查。在某些情况下，还需做零件试加工检查。根据检查结果，对程序进行修改和调整，检查修改，再检查再修改……这往往要经过多次反复，直到获得完全满足加工要求的程序为止。

图 2-2 中的各项工作，主要由人工完成，这样的编程方式称为"手工编程"。在各机械制造行业中，均有大量仅由直线、圆弧等几何元素构成的形状并不复杂的零件需要加工。这些零件的数值计算较为简单，程序段数不多，程序检验也容易实现，因而可采用手工编程方式完成编程工作。由于手工编程不需要特别配置专门的编程设备，不同文化程度的人均可掌握和运用，因此在国内外，手工编程仍然是一种运用十分普遍的编程方法。

2. 手工编程的工艺处理

（1）数控加工工艺的基本特点和主要内容。

① 基本特点。

从编程的角度看，加工程序的编制比通用机床的工艺规程编制复杂。因为在通用机床上不少内容，如工序内工步的安排及走刀路线、刀具、切削用量等，由操作工人来考虑、选择、决定。而数控加工时，这一切需由编程人员事先选定和安排好，是编程中不可缺少的内容。正是由于这个特点，促使对加工程序的正确性和合理性要求很高。

② 主要内容。

编程中的数控工艺的主要内容如下：

选择适合在数控机床上加工的零件和确定工序的内容；零件图纸的数控工艺性分析；制定数控工艺路线；加工程序设计和调整；数控加工中的容差分配等。

（2）确定零件的安装方法和选择夹具。

要尽量选用已有的通用夹具，而且注意减少装夹次数，尽量做到在一次装夹中能把零件上所有要加工的表面都加工出来。零件定位基准尽量和设计基准重合，以减少定位误差对尺寸精度的影响。

数控加工对夹具的主要要求为：一是要保证夹具本身在机床上安装准确；二是容易协调零件和机床坐标系的尺寸关系；三是装卸零件要迅速，以减少数控机床的停机时间。

（3）对刀点和换刀点的确定。

对刀点是指在数控机床上加工零件时，刀具相对零件运动的起始点。由于程序也从这一点开始执行，所以对刀点也称作程序起点或起刀点。可以选择零件上某一点作为对刀点，也可选择零件外（如夹具上或机床上）某一点作为对刀点，如图 2-3 所示，但所选择的对刀点必须与零件的定位基准有一定的坐标尺寸关系，这样才能确定机床坐标系与零件坐标系之间的关系。

若对刀精度要求不高时，可直接选用零件上或夹具上的某些表面作为对刀面。若对刀精度要求较高时，对刀点应尽量选在零件的设计基准或工艺基准上。对于以孔定位的零件，则选用孔的中心作为对刀点。

对刀点应选在对刀方便的地方。采用相对坐标编程时，对刀点可选在零件孔的中心上、夹具上的专用对刀孔上或两垂直平面的交线上。在采用绝对坐标编程时，对刀点可选在机床坐标系的原点上或距离原点为确定值的点上。

对刀时，采用对刀装置使刀位点与对刀点重合。所谓刀位点，就是刀具定位的基准点。例如，立铣刀是指刀具轴线与刀具底面的交点；球头铣刀是指球头铣刀的球心；车刀和镗刀是指刀头的刀尖等。

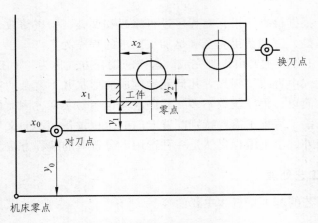

图 2-3　对刀点和换刀点

具有自动换刀装置的数控机床，在加工中如需自动换刀，还要设置换刀点。换刀点的位置应根据换刀时刀具不得碰伤工件、夹具和机床的原则而定。

（4）工艺路线的确定。

零件加工的工艺路线是指数控机床切削加工过程中，加工零件的顺序，即刀具（刀位点）相对于被加工零件的运动轨迹和运动方向。编程时，确定加工路线的原则主要有：

① 应能保证零件的加工精度和表面粗糙度的要求；

② 应尽量缩短加工路线，减少刀具空行程移动的时间；

③ 应使数值计算简单，程序段数量少，以减少编程工作量。

下面举例说明为保证上述原则的实施应注意的问题，如在数控铣床上加工零件时，为了减少刀具切入、切出的刀痕，对刀具切入和切出程序要仔细设计。如图 2-4 所示的平面零件，为避免铣刀沿法向直接切入零件或切出时在零件轮廓处直接抬刀而留下的刀痕，而采用外延法，即切入时刀具应沿外轮廓曲线延长线的法向切入，或者切出时刀具应沿零件轮廓延伸线的切线方向逐渐切离工件。

铣削封闭的内轮廓表面时，可采用内延法，如果内轮廓曲线不允许延伸，刀具只能沿着轮廓曲线的法向切入和切出，此时刀具的切入和切出点应尽量选在内轮廓曲线两几何元素的交点处，如图 2-5 所示。

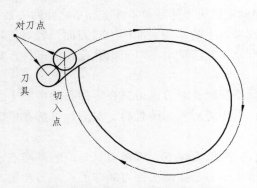

图 2-4　刀具切入和切出时的外延伸

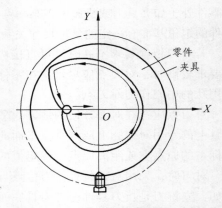

图 2-5　内轮廓加工刀具的切入和切出

在轮廓铣削过程中要避免进给停顿，否则会因铣削力的突然变化，在停顿处轮廓表面上留下刀痕。如在数控车床上加工螺纹时，沿螺距方向的 Z 向进给与零件（即主轴）转动必须保持严格同步。考虑到沿 Z 向进给从停止状态达到指令的进给量（mm/r），进给系统总有一个过渡过程，因此安排 Z 向工艺路线时，应使车刀刀位点离待加工面（螺纹）有一定的引入距离，其目的就是保证刀具的进给量达到稳定时再切削螺纹。

又如，粗精加工程序的合理安排，可提高零件的加工质量。若零件的加工余量较大，则可采用几次粗加工，最后进行一次精加工，一般留 0.2 ~ 0.5 mm 的精加工余量。

（5）选择刀具和确定切削用量。

与传统加工方法相比，数控加工对刀具提出了更高的要求，主要是安装调整方便、刚性好、精度高、耐用度好。编程时，常需预先规定好刀具的结构尺寸和调整尺寸。

切削用量包括主轴转速、切削深度和宽度、进给速度等。切削用量的选择应根据实际加工情况，结合说明书、切削用量手册，尤其是实践经验来确定。

（6）编程的允许误差。

编制程序中的误差 $\Delta_{程}$ 由三部分组成：

$$\Delta_{程} = f(\Delta_{逼}, \ \Delta_{插}, \ \Delta_{圆})$$

式中　　$\Delta_{逼}$ ——采用近似计算方法逼近列表曲线、曲面轮廓时所产生的逼近误差；

　　　　$\Delta_{插}$ ——采用直线段或圆弧段插补逼近零件轮廓曲线时产生的误差；

　　　　$\Delta_{圆}$ ——在数据处理中，为满足分辨率的要求，数据圆整产生的误差。

零件图纸上给出的公差，只有一小部分允许分配给 $\Delta_{程}$，一般取 $\Delta_{程}$ 为 0.1 ~ 0.2 倍的零件公差。

要想缩小编程误差 $\Delta_{程}$ 就要增加插补段减小 $\Delta_{逼}$，这将增加数值计算等编程的工作量。因此，合理选择 $\Delta_{程}$ 是编程中的重要问题之一。

3. 自动编程

编制零件加工程序的全部过程主要由计算机来完成，此种编程方法称为自动编程。编程人员只需根据零件图纸和工艺过程，使用规定的数控语言编写一个较简短的零件加工源程序，输入计算机。计算机由通用处理程序自动进行编译、数学处理，计算出刀具中心运动轨迹，再由后置处理程序自动编写出零件加工程序，并输出、制备出穿孔纸带或磁盘等控制介质，也可直接通过计算机通信程序，将零件加工程序传送到机床的数控系统。由于在计算机上可自动地给出所编程序的图形及走刀轨迹，及时检查程序是否有错，及时修改，得到正确的程序，编程人员不需要进行烦琐的计算，不需要手工编写程序单及制备控制介质，自动获得加工程序和控制介质，因此可提高编程效率几倍甚至上百倍，解决了手工编程无法解决的难题。

2.2 程序段格式和程序结构

2.2.1 程序段格式

数控机床程序由若干个"程序段"（Block）组成，每个程序段由按一定顺序和规定排列的"字"（Word）组成。字是由表示地址的英文字母、特殊文字和数字组合而成的。字表示某一功能的一组代码符号，如 X165 为一个字，表示 X 向尺寸为 165 mm；F50 为一个字，表示进给速度为 50（具体由规定的代码方法决定）。字是控制量或程序的信息单位。程序段格式是指一个程序段中各字的排列顺序及其表达形式。

程序段格式有许多种，如固定顺序程序段格式、有分隔符的固定顺序程序段格式，以及字地址程序段格式等。固定顺序程序段格式已经很少使用。

1. 分隔符的固定顺序程序段格式

有分隔符的固定顺序程序段格式在我国的某些数控线切割机床和某些数控铣床上还在使用。我国数控线切割机床常采用的"3B"或"4B"格式指令就是典型的带分隔符的固定顺序程序段格式。3B 指令的格式一般表示为

$$B \quad X \quad B \quad Y \quad B \quad J \quad G \quad Z$$

其具体意义如表 2-1 所示。

表 2-1　3B 指令格式具体意义

B	X	B	Y	B	J	G	Z
分隔符号	X 坐标值	分隔符号	Y 坐标值	分隔符号	计数长度	计数方向	加工指令

例如：

B12000 B340 B012000 GX L1

它是描述一条在第一象限中的斜线。这条程序中规定直线的起点坐标为 $X = 0$、$Y = 0$，终点为 $X = 12\,000$、$Y = 340$。终点坐标值规定放在第一、二个 B 后面。第三个 B 之后的数及 GX 表示用 X 方向作为计数及 X 方向的长度为 12 000。在 3B 指令中，数值不带正、负号，因此必须用 L1～L4 来定义该直线所在的象限；3B 指令以 μm 为单位。又如：

B12000 B340 B036000 GX NR2

它是描述一个以（0，0）为圆心坐标，起点坐标是 $X = 12\,000$、$Y = 340$，而终点坐标及半径则是隐含在表达式中。终点坐标由第三个 B 的计数长度来确定，其坐标的正、负号是由 NR2 来确定的。NR2 指明了这段圆弧从第二象限开始按逆时针方向运动。

3B 格式的程序是落后的，因为有许多参数不能使人一目了然，且编程时计算麻烦易出错。3B 格式的程序主要是适合以前的硬件数控的方式。3B 格式在一些数控线切割机上仍使用，这仅是技术上的习惯而已，现在已完全向 ISO 指令格式过渡。

2. 地址符可变程序段格式

现在应用最广泛的是"可变程序段、文字地址程序段"格式（Word Address Format）。所谓地址符可变程序段格式，就是在一个程序段内字的数目以及字的长度（位数）都是可变的。所谓字地址，就是字前面的字母，它表示该字的功能。格式中所使用的地址，因各种数控装置的性能而异。下面是一个程序段的通式：

N0010 G01 X2300 Y1200 Z-110（I J K）F150 S250 T12 M05 LF

每个字都由字母开头，称为"地址"。ISO 标准规定的地址字符意义如表 2-2 所示。

表 2-2　地址字符

字符	意　义	字符	意　义
A	关于 X 轴的角度尺寸	N	顺序号
B	关于 Y 轴的角度尺寸	O	不用，有的定为程序编号
C	关于 Z 轴的角度尺寸	P	平行于 X 轴的第三尺寸，也有定为固定循环的参数
D	第二刀具功能，有的定为偏置号	Q	平行于 Y 轴的第三尺寸，也有定为固定循环的参数
E	第二进给功能	R	平行于 Z 轴的第三尺寸，也有定为固定循环的参数、圆弧的半径等
F	第一进给功能	S	主轴速度功能
G	准备功能	T	第一刀具功能
H	暂不指定，有的定为偏置号	U	平行于 X 轴的第二尺寸
I	平行于 X 轴的插补参数或螺纹导程	V	平行于 Y 轴的第二尺寸
J	平行于 Y 轴的插补参数或螺纹导程	W	平行于 Z 轴的第二尺寸
K	平行于 Z 轴的插补参数或螺纹导程	X	基本尺寸
L	不指定，有的定为固定循环返回次数，也有的定为子程序返回次数	Y	基本尺寸
M	辅助功能	Z	基本尺寸

一个程序段中，各个字的含义如下：

（1）程序段序号。

用来表示程序从启动开始操作的顺序，即程序段执行的顺序号。它用地址码"N"和后面的四位数字表示。数控装置读取某一程序段时，该程序段序号可在七段数码管上或 CRT 上显示出来，以便操作者了解或检查程序执行情况，程序段序号还可用作程序段检索。

（2）准备功能字（G 功能）。

准备功能是使数控装置作某种操作的功能，它紧跟在程序段序号的后面，用地址码"G"和两位数字来表示。G 功能的具体内容将在后面加以说明。

（3）尺寸字。

尺寸字是给定机床各坐标轴位移的方向和数据，它由各坐标轴的地址代码、"＋""－"符号和绝对值（或增量值）的数字构成。尺寸字安排在 G 功能字的后面。尺寸字的地址代码，对于进给运动的地址代码为：X、Y、Z、U、V、W、P、Q、R；对于回转运动的地址代码为：A、B、C、D、E。此外，还有插补参数字（地址代码）：I、J 和 K 等。

（4）进给功能字（F 功能）。

它给定刀具对于工件的相对速度，它由地址代码 "F" 和其后面的若干位数字构成。这个数字取决于每个数控装置所采用的进给速度的指定方法。进给功能字（也称 "F" 功能）应写在相应轴尺寸字之后，对于几个轴合成运动的进给功能字，应写在最后一个尺寸字之后。现在数控装置所采用的进给速度指定方法用得较多的是直接指定法。直接指定法就是将实际速度的数值直接表示出来，小数点的位置在机床说明中予以规定。一般进给速度单位用mm/min 表示，切削螺纹单位用 mm/r 表示（在英制单位中用英寸表示）。

（5）主轴转速功能字（S 功能）。

主轴转速功能也称为 S 功能，该功能字用来选择主轴转速，它由地址码 "S" 和其后面的若干位数字构成。根据各个数控装置所采用的指定方法来确定这个数字，其指定方法，即代码化的方法与 F 功能相同。主轴速度单位用 mm/min、m/min 和 r/min 等表示。

（6）刀具功能字（T 功能）。

该功能也称为 T 功能，它由地址码 "T" 和其后面的若干位数字构成。刀具功能字用于更换刀具时指定刀具或显示待换刀号，有时也能指定刀具位置补偿。

一般情况下，T 功能用两位数字，能指定 T00～T99 共 100 种刀具；对于不是指定刀具位置，而是利用能够指定刀具本身序号的自动换刀装置（如刀具编码键，也叫代码钥匙方案）的情况，则可用五位十进制数字；在车床用的数控装置中，多数需要按照转塔的位置进行刀具位置补偿，这时就要用四位十进制数字指定，这样不仅能选择刀具号（前两位数字），同时还能选择刀具补偿拨号盘（后两位数字）。

（7）辅助功能字（M 功能）。

该功能也称为 M 功能，该功能指定除 G 功能之外的种种 "通断控制" 功能。它用地址码 "M" 和其后面的两位数字表示。

（8）程序段结束符（LF）。

每一个程序段结束之后，都应加上程序段结束符。LF 为程序段结束符号。

2.2.2　程序结构

程序是由若干个程序段组成的，随数控装置功能的不同而略有不同。举例如下：

N0010　G92　X0　Y0　Z10.0　LF
N0020　S200　M03　LF
N0030　G90　G00　X-5.5　Y-6.0　LF
　　⋮
N0160　M02　LF

上例为一完整的零件加工程序，它由 16 个程序段组成。每一个程序段以序号 N 开头，用 LF 结束。M02 作为整个程序的结束。某些数控系统还要求整个程序以某个符号（如%、字母 O 等）开始，以某个符号（如 EM）结束。

2.3 准备功能（G 指令）和辅助功能（M 指令）

在数控编程中，使用 G 指令、M 指令及 F、S、T 指令代码来描述数控机床的运行方式、加工类别、主轴的启停、冷却液的开闭等辅助功能以及规定进给速度、主轴转速、选择刀具等。我国机械工业部制定了有关 G 指令和 M 指令的 JB/T 3208—1999 标准，它与国际上使用的 ISO 1056—1975E 标准基本一致。

2.3.1 准备功能 G 指令

准备功能指令也称 G 指令。它由字母"G"和其后面的两位数字组成，从 G00 ~ G99 共有 100 种，如表 2-3 所示。

表 2-3　准备功能 G 代码

代码	功能保持到被取消或被同样字母表示的程序指令所代替	功能仅在所出现的程序段内有作用	功 能	代码	功能保持到被取消或被同样字母表示的程序指令所代替	功能仅在所出现的程序段内有作用	功 能
G00	a		点定位	G17	c		XY 平面选择
G01	a		直线插补	G18	c		ZX 平面选择
G02	a		顺时针方向圆弧插补	G19	c		YZ 平面选择
G03	a		逆时针方向圆弧插补	G20 ~ G32	#	#	不指定
G04		*	暂停	G33	a		螺纹切削，等螺距
G05	#	#	不指定	G34	a		螺纹切削，增螺距
G06	a		抛物线插补	G35	a		螺纹切削，减螺距
G07	#	#	不指定	G36 ~ G39	#	#	永不指定
G08		*	加速	G40	d		刀具补偿/刀具偏置注销
G09		*	减速	G41	d		刀具补偿（左）
G10 ~ G16	#	#	不指定	G42	d		刀具补偿（右）

代码	功能保持到被取消或被同样字母表示的程序指令所代替	功能仅在所出现的程序段内有作用	功 能	代码	功能保持到被取消或被同样字母表示的程序指令所代替	功能仅在所出现的程序段内有作用	功 能
G43	#（d）	#	刀具偏置（正）	G61	h		准确定位2（中）
G44	#（d）	#	刀具偏置（负）	G62	h		快速定位（粗）
G45	#（d）	#	刀具偏置 +/+	G63		*	攻丝
G46	#（d）	#	刀具偏置 +/-	G64~G67	#	#	不指定
G47	#（d）	#	刀具偏置 -/-	G68	#（d）	#	刀具偏置，内角
G48	#（d）	#	刀具偏置 -/+	G69	#（d）	#	刀具偏置，外角
G49	#（d）	#	刀具偏置 0/+	G70~G79	#	#	不指定
G50	#（d）	#	刀具偏置 0/-	G80	e		固定循环注销
G51	#（d）	#	刀具偏置 +/0	G81~G89	e		固定循环
G52	#（d）	#	刀具偏置 -/0	G90	j		绝对尺寸
G53	f		直线偏移，注销	G91	j		增量尺寸
G54	f		直线偏移 X	G92		*	预置寄存
G55	f		直线偏移 Y	G93	k		时间倒数，进给率
G56	f		直线偏移 Z	G94	k		每分钟进给
G57	f		直线偏移 XY	G95	k		主轴每转进给
G58	f		直线偏移 XZ	G96	l		恒线速度
G59	f		直线偏移 YZ	G97	l		每分钟主轴转数
G60	h		准确定位1（精）	G98~G99	#	#	不指定

注：① #号表示如选作特殊用途，必须在程序格式说明中说明。
② 如在直线切削控制中没有刀具补偿，则 G43～G52 可指定作其他用途。
③ 在表中左栏括号中的字母（d）表示可以被同栏中没有括号的字母 d 所注销或代替，也可被有括号的字母（d）所注销或代替。
④ G45～G52 的功能可用于机床上任意两个预定的坐标。
⑤ 控制机上没有 G53～G59、G63 功能时，可以指定作其他用途。

　　G 代码可分为模态代码（又称续效代码）和非模态代码。在表 2-3 中，第二栏标有字母的表示第一栏中所对应的 G 代码为模态代码，字母相同的为一组，这种 G 代码在同组其他 G

代码出现以前一直有效。模态代码表示一经在一个程序段中应用，便保持有效到以后的程序段中出现同组的另一代码时才失效。在某一程序段中使用了某一模态 G 代码，如其后续的程序段中还有相同功能的操作，且没有出现过同组的 G 代码时，则在后续的程序段中可不再书写这一功能代码指令。不同组的 G 代码，在同一程序段中可以指定多个，如在同一程序段中指定了两个或两个以上的同一组 G 代码，则后指定的有效。在表 2-3 的第二栏中没有字母的表示对应的 G 代码为非模态代码。

G 指令主要用于规定刀具和工件的相对运动轨迹、机床坐标系、坐标平面、刀具补偿等多种功能，它为数控系统的插补运算作准备，故 G 指令一般位于程序段中坐标尺寸字的前面。常用的 G 指令有以下几种。

1. 坐标系有关指令

G90、G91、G92 为坐标指令，以下分别加以介绍：

（1）G90 为绝对尺寸编程指令。此指令表示程序段中的编程尺寸按绝对坐标给定，所有的坐标尺寸数字都是相对于固定的编程原点（工件原点）的。

（2）G91 为相对（增量）尺寸编程指令。此指令表示程序段中的编程尺寸按相对坐标给定，程序段的终点坐标都是相对于起点给出的。

有些数控机床允许用绝对值和增量值混合编程，但一般在同一个程序中只用一种坐标指令。

（3）G92 为工件坐标系设定指令。执行 G92 指令后，也就确定了刀具刀位点的初始位置与工件坐标系坐标原点的相对距离。该指令仅用于设定坐标系，并不使刀具或工件产生运动。

对于具有机床坐标原点的数控机床，当采用绝对坐标编程时，第一个程序段的指令通常是设定对刀点坐标值指令，用以规定对刀点在零件坐标系中的坐标值。

（4）坐标平面选择指令。此指令有 G17、G18、G19 之分。G17 指令指定零件进行 XY 平面上的加工；G18、G19 分别为 ZX、YX 平面上的加工。这些指令在进行圆弧插补、刀具补偿时必须使用。但如数控系统只有一个坐标平面的加工功能时，则在程序中可省略这些指令不写。

2. 快速点定位指令

G00 为快速点定位指令。该指令刀具以点位控制方式从刀具所在点快速移动到下一个目标位置。它只是快速定位，而无运动轨迹要求。程序中使用了 G00 后，进给速度指令 F 无效，刀具从所在点以数控系统预先调定的最大进给速度，快速移至坐标系的另一点。

3. 直线插补指令

G01 为直线插补指令。它用于产生直线或斜线运动，可使机床沿 X、Y、Z 方向执行单轴运动，或在各坐标平面内执行具有任意斜率的直线运动，也可使三轴联动机床沿空间任意直线运动。刀具移动的坐标值可以是增量方式或绝对方式，其程序格式为

$$G01 \ X\cdots \ Y\cdots \ Z\cdots \ LF$$

当采用绝对坐标编程时，直线终点坐标值是相对于机床原点的绝对坐标；当采用相对坐

标编程时，直线终点坐标值是相对于当前刀具位置的坐标。

4. 圆弧插补指令

G02、G03 是圆弧插补指令。它使机床在规定的坐标平面内执行圆弧插补运动，切削出圆弧轮廓。G02 为顺时针圆弧插补指令，G03 为逆时针圆弧插补指令。圆弧的顺、逆时针方向如图 2-6 所示，其方向的判断可按图 2-6 中给出的方向，即沿垂直于圆弧所在平面（如 *ZX* 平面）的坐标轴的负方向（ $-Y$ ）观察，确定圆弧的顺、逆方向。使用圆弧插补指令之前，必须应用平面选择指令，指定圆弧插补平面。圆弧加工程序段的格式为

$$G02（G03）\quad X\cdots\ Y\cdots\ I\cdots\ J\cdots\ （XY平面）$$
$$G02（G03）\quad X\cdots\ Z\cdots\ I\cdots\ K\cdots\ （XZ平面）$$
$$G02（G03）\quad Y\cdots\ Z\cdots\ J\cdots\ K\cdots\ （XY平面）$$

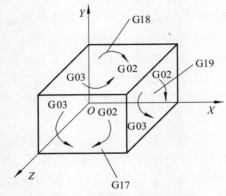

图 2-6　圆弧的顺、逆时针方向

圆弧的终点坐标用地址符 X、Y、Z 表示，其后的数值是圆弧终点的坐标分量。圆弧的起点坐标用地址符 I、J、K 表示，其值表示圆弧起点相对于圆心的相对坐标值。有些数控系统可使用地址符 R（半径参数），此时不使用起点坐标，其编程方法参考数控系统的具体规定。

5. 刀具半径补偿指令

G40、G41、G42 为刀具半径补偿指令。

数控装置大部分具有刀具半径补偿功能，为程序编制提供了方便。当编制零件的加工程序时，不需要计算刀具的中心运动轨迹，而只需按零件轮廓编程，使用刀具半径补偿指令，并在控制面板上利用刀具拨码盘或键盘（CRT/MDI）人工地输入刀具半径，数控装置便能自动地计算出刀具的中心轨迹，并按刀具的中心轨迹运动。

当刀具磨损或刀具重磨后，刀具半径变小，只需手工输入改变后的刀具半径，而不必修改已编好的程序或纸带。在用同一把刀具进行粗、精加工时，设精加工余量为 Δ，则粗加工的补偿量为 $R+\Delta$，而精加工的补偿量为 R 即可，如图 2-7 所示。

G41 为左偏刀具半径补偿指令。假定工件不动，当沿刀具运动方向看，刀具位于零件轮廓左侧时的刀具半径补偿即为左偏刀具补偿，如图 2-7 所示的 $A'E'D'C'B'A'$ 的加工路线。

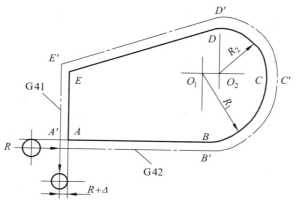

图 2-7　刀具半径自动补偿

G42 为右偏刀具半径补偿指令。同样假定工件不动，而当沿刀具运动方向看，刀具位于零件轮廓右侧时的刀具半径补偿即为右偏刀具补偿，如图 2-7 所示的 $A'B'C'D'E'A'$ 的加工路线。

G40 为刀具半径补偿撤销指令，使用此指令后，G41、G42 的功能失效。

6. 刀具长度补偿指令

刀具长度补偿指令也称为刀具长度偏置。其格式为

$$G43（G44）\quad Z\cdots（Y\cdots、X\cdots）\quad H\cdots\quad LF$$

式中，Z、Y、X 为补偿轴；H（有的系统用 D）对应于刀补存储器中补偿值的补偿号代码。

补偿号代码为 2 位数，如 H00 ~ H99 补偿值有刀补拨码开关输入、MDI 输入或程序设定输入，具体值随机床的不同而有所不同，如 0 ~ 999.999 mm。补偿号除用 H（或 D）代码外，还可用刀具功能 T 代码的低 1 位或低 2 位数字指定。

G43 为"加偏置"（ + 偏置），G44 为"减偏置"（ – 偏置）。无论是绝对指令（G90 时）还是增量指令（G91 时），当用 G43 时，将偏移存储器中用 H 代码设定的偏移量（包括符号的值）与程序中偏移轴移动的终点坐标值（包括符号的值）相加；当用 G44 时相减，其结果的坐标值为终点坐标值。偏移值符号为"正"（" + "），用 G43 时，是向偏置轴"正"方向移动一个偏移量；用 G44 时，向负方向移动一个偏移量。偏移值的符号为"负"（" – "）时，与上述情况相反。

G43、G44 为模态代码，在本组的其他指令代码被指令之前，一直有效。取消刀具长度偏置可用 G40 指令（有的用 G49），或者偏置号为 H00，都可立即取消长度偏置。

刀具长度补偿程序举例如下：

N0030　　G90 G43　　Z100.0　　H01　　LF；　　　　（设定 H01 = 10 mm）
N0050　　G91 G43　　Z-113.5　　H02　　LF；　　　　（设定 H02 = 1.5 mm）
N0070　　G90 G18　　G44　　Y-32.0　　H03　　LF；　　（设定 H03 = – 4 mm）
N0090　　G90 G18　　G44　　Y-32.0　　T0203　　LF；　（设定偏置值为 – 4 mm）

N0030 程序段表示刀具在 Z 轴上移动到 110.0 mm 处；N0050 程序段表示刀具移动到的终点坐标值上加上一个偏置值 1.5 mm；N0070 程序段表示刀具在偏置轴 Y 上移到 – 28 mm 处；

N0090 程序段，刀具功能字用四位数字表示，前两位数字（02）是刀具号，后两位数字（03）是补偿号（或叫偏置号），刀具移动同 N0070 程序段。

7. 固定循环指令

数控加工中某些加工动作循环已经典型化，如钻孔、镗孔的动作是孔位平面定位、快速引进、工作进给、快速退回等，这一系列典型的加工动作已经预先编好程序存储在内存中，可用于固定循环的一个 G 代码程序段，用于调用，从而简化编程工作。孔加工固定循环指令有 G73、G74、G76、G80、G89，通常由 6 个动作构成，如图 2-8 所示。

（1）XY 轴定位；
（2）定位到 R 点（定位方式取决于上次是 G00 还是 G01）；
（3）孔加工；
（4）在孔底的动作；
（5）退回到 R 点（参考点）；
（6）快速返回到初始点。

固定循环的数据表达形式可以用绝对坐标（G90）和相对坐标（G91）表示，如图 2-9 所示，其中图 2-9（a）是采用 G90 的表示，图 2-9（b）是采用 G91 的表示。

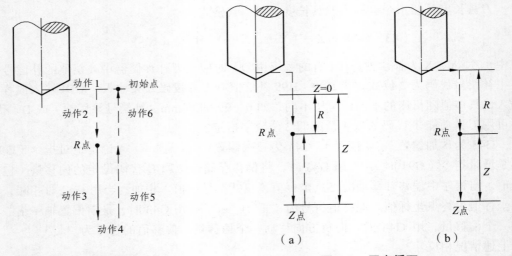

图 2-8　加工动作循环　　　　　　　　图 2-9　固定循环

固定循环的程序格式包括数据形式、返回点平面、孔加工方式、孔位置数据、孔加工数据和循环次数。数据形式（G90 或 G91）在程序开始时就已指定，因此在固定循环程序格式中可不注出固定循环的程序格式：

$$\begin{cases} G98 \\ G99 \end{cases} G\cdots\ X\cdots\ Y\cdots\ Z\cdots\ R\cdots\ O\cdots\ P\cdots\ I\cdots\ J\cdots\ K\cdots\ L\cdots$$

说明：G98 为返回初始平面；
　　　G99 为返回 R 点平面；
　　　G…为不固定循环代码，如 G73、G74、G76 和 G81～G89；

X、Y 为加工起点到孔位的距离（G91）或孔位坐标（G90）；

R 为初始点到 R 点的距离（G91）或 R 点的坐标（G90）；

Z 为 R 点到孔底的距离（G91）或孔底的坐标（G90）；

Q 为每次进给深度（G73/G83）；

I、J 为刀具在轴反向的位移增量（G76/G87）；

P 为刀具在孔底的暂停时间；

F 为切削进给速度；

L 为固定循环的次数。

G73、G74、G76 和 G81 ~ G89 Z R P F Q I J K 是模态指令。指令 G80、G01 ~ G03 等代码可以取消固定循环。

在实际使用中，一定要注意 G98 和 G99 的选择，以及 R 位置的选择，特别是多孔加工的时候，用 G99 可以省一部分的刀路，但是抬起的位置可能会比较低，如果工件方面有干涉的话，比如中间有岛屿，就要注意选用 G98 或者抬高 R 参数的位置。总之一个原则：在安全生产的基础上兼顾效率。

8. 螺纹切削指令

螺纹切削指令有 G32（数控车床螺纹车削）、G33（等螺距螺纹切削）、G34（增螺距螺纹切削）、G35（减螺距螺纹切削）等。

螺纹车削（G32 指令）是数控车床常见的加工方法之一，在数控车床上通过指令 G32 可以实现等导程的直螺纹、锥螺纹、端面螺纹的加工。实现螺纹加工的前提是主轴必须安装有角位移检测的编码器。当加工螺纹时，数控系统通过读取主轴的转速和位移，根据所要求的螺距，将其转变为对应的 Z 轴的进给速度，控制坐标轴的运动，实现螺纹的加工。

G32 指令的编程格式如下：

$$G32 \quad X\cdots \quad Z\cdots \quad F\cdots$$

式中，X、Z 为终点坐标；F 为 Z 轴方向的螺纹导程。

使用 G32 指令应注意以下几点：

（1）螺纹加工时，数控系统一般都是将主轴编码器的零点作为螺纹加工起点，为了保证螺纹的加工长度，在编程时应将螺纹的加工行程适当加长，并将起点选择在适当离开工件的位置上。

（2）一般来说，螺纹切削需要多次加工才能完成，每次的切入量应按照一定的比例逐次递减，并使最终切深与螺纹牙深一致。因此，通常需要多次执行螺纹加工指令才能完成加工。在这种情况下，除 X 向尺寸外，螺纹的 Z 向加工起点、加工轨迹都不能改变，主轴转速必须保持一致。

（3）螺纹切削时，进给速度决定于主轴转速与螺纹导程，在 G01（G02、G03）中编程的模态 F 值在螺纹加工时暂时无效。同时，在螺纹加工时，数控系统的"进给停止"信号也不能使机床的运动立即停止。

（4）为了保证螺纹导程的正确，螺纹加工时，控制面板上的"主轴倍率""进给速度倍率"调节都无效，它们将被固定在 100% 上。同样，"线速度恒定控制"控制功能对螺纹加工也无效。

对于图 2-10 所示的螺纹加工，当工件坐标系选择如图位置时，其螺纹加工程序如下（采用直径编程）：

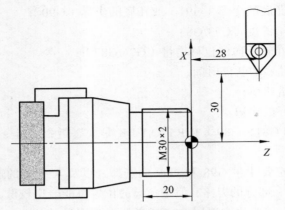

图 2-10　螺纹车削程序

00009；	（程序号）
N1 G50 X60 Z28；	（设置工件坐标系）
N2 S100 M03；	（指令主轴转速、转向）
N3 G00 X29. Z2；	（刀具运动到螺纹加工起始点，第一次切入 0.45 mm）
N4 G32 Z-23 F2；	（第一次加工）
N5 G00 X32；	（X 向退刀）
N6 Z2；	（Z 向退到螺纹加工起始点）
N7 X28.5；	（第二次切入 0.3 mm）
N8 G32 Z-23 F2；	（第二次加工）
N8 G00 X32；	（X 向退刀）
N10 Z2；	（Z 向退到螺纹加工起始点）
N11 X27.9；	（第三次切入 0.3 mm）
Nl2 G32 Z-23 F2；	（第三次加工）
Nl3 G00 X32；	（X 向退刀）
N14 Z2；	（Z 向退到螺纹加工起始点）
N15 X27.5；	（第四次切入 0.2 mm）
N16 G32 Z-23 F2；	（第四次加工）
N17 G00 X32；	（X 向退刀）
N18 Z2；	（Z 向退到螺纹加工起始点）
N19 X27.4；	（第五次切入 0.05 mm）
N20 G32 Z-23 F2；	（第五次加工）
N21 G00 X32；	（X 向退刀）
N22 X60 Z28；	（刀具回到起点）
N23 M02；	（程序结束）

在上面的程序中，由于 M30×2 螺纹的牙深为 1.299 mm（半径），程序中分 5 次切入，切入量分别为：0.45 mm、0.3 mm、0.3 mm、0.2 mm、0.05 mm（半径）。

9. 暂停（延时）指令

G04 为暂停指令。该指令可使刀具作短时间的无进给光整加工，用于车槽、镗平面、锪孔等场合，其程序格式如下：

$$G04 \ \beta \cdots$$

地址符 β 一般用 X 或 F，其后面跟的数字一般代表延时时间（时间的最小单位视数控装置的不同而异，一般为 ms），也可是刀具或工件的转数。

2.3.2 辅助功能 M 指令

辅助功能指令也称为 M 代码指令。它由字母"M"和其后面的两位数字组成，从 M00～M99 共 100 种，如表 2-4 所示。M 代码指令也有续效指令与非续效指令，一个程序段中一般有一个 M 代码指令，如同时有多个 M 代码指令，则最后一个有效。此类指令主要用于机床加工操作时的工艺指令，包括主轴转向与启停、冷却液系统开关、工作台的夹紧与松开、程序停止等操作。

表 2-4 辅助功能 M 代码

代码（1）	功能开始时间		功能保持到被注销或被适当程序指令代替（4）	功能仅在所出现的程序段内有作用（5）	功能（6）	代码（1）	功能开始时间		功能保持到被注销或被适当程序指令代替（4）	功能仅在所出现的程序段内有作用（5）	功能（6）
	与程序段指令运动同时开始（2）	在程序段指令运动完成后开始（3）					与程序段指令运动同时开始（2）	在程序段指令运动完成后开始（3）			
M00		*		*	程序停止	M08	*		*		1号冷却液开
M01		*		*	计划停止	M09		*	*		冷却液关
M02		*		*	程序结束	M10	#	#	*		夹紧
M03	*		*		主轴顺时针方向	M11	#	#	*		松开
M04	*		*		主轴逆时针方向	M12	#	#	#	#	不指定
M05		*	*		主轴停止	M13	*		*		主轴顺时针方向，冷却液开
M06	#	#		*	换刀	M14	*		*		主轴逆时针方向，冷却液开
M07	*		*		2号冷却液开	M15	*			*	正运动

代码 (1)	功能开始时间		功能保持到被注销或被适当程序指令代替 (4)	功能仅在所出现的程序段内有作用 (5)	功能 (6)	代码 (1)	功能开始时间		功能保持到被注销或被适当程序指令代替 (4)	功能仅在所出现的程序段内有作用 (5)	功能 (6)
	与程序段指令运动同时开始 (2)	在程序段指令运动完成后开始 (3)					与程序段指令运动同时开始 (2)	在程序段指令运动完成后开始 (3)			
M16	*			*	负运动	M50	*		#		3号冷却液开
M17~M18	#	#	#	#	不指定	M51	*		#		4号冷却液开
M19		*	*		主轴定向停止	M52~M54	#	#	#	#	不指定
M20~M29	#	#	#	#	永不指定	M55	*		#		刀具直线位移，位置1
M30		*		*	纸带结束	M56	*		#		刀具直线位移，位置2
M31	#	#		*	互锁旁路	M57~M59	#	#	#	#	不指定
M32~M35	#	#	#	#	不指定	M60		*		*	更换工件
M36	*		#		进给范围1	M61	*				工件直线位移，位置1
M37	*		#		进给范围2	M62	*		*		工件直线位移，位置2
M38	*		#		主轴速度范围1	M63~M70	#	#	#	#	不指定
M39	*		#		主轴速度范围2	M71	*		*		工件角度位移，位置1
M40~M45	#	#	#	#	可作为齿轮换挡	M72	*	*	*		工件角度位移，位置2
M46~M47	#	#	#	#	不指定	M73~M89	#	#	#	#	不指定
M48		*	*		注销M49	M90~M99	#	#	#	#	永不指定
M49	*		#		进给率修正旁路						

注：① #号表示如选作特殊用途，必须在程序说明中说明。
　　② M90～M99可指定为特殊用途。

表 2-4 中第（4）栏中的"*"号对应的 M 代码为续效代码，续效代码的含义与 G 代码相同。表 2-4 中第（5）栏中的"*"号对应的 M 代码是非续效代码。由于 M 代码指令是用于控制机床的辅助动作，故常与程序段中的运动指令配合一起使用，所以必须规定 M 代码指令在程序段中是与运动指令同时执行还是运动指令结束后执行。表 2-4 中第（2）、（3）栏中的"*"号表明 M 代码指令开始执行的时间。如下列程序段：

$$N0010 \ G00 \ G17 \ X\cdots \ Y\cdots \ M03 \ M08 \ LF$$
$$N0020 \ G01 \ G42 \ X\cdots \ Y\cdots \ LF$$
$$\vdots$$
$$N0090 \ G00 \ G40 \ X\cdots \ Y\cdots \ M05 \ M09 \ LF$$

其中，N0010 程序段中有两种 M 代码指令，M03 为主轴正转，M08 为开冷却液，它们不是一组的，但可写在同一程序段。该程序段的主要功能是快速进给，主轴正转和开冷却液是两个辅助功能，应与快速进给同时执行。因 M03 和 M08 为续效代码，在以后的程序中又无同组的 M 代码出现，故它们继续有效，不必重写。N0090 程序段也有两种代码，M05 主轴停止和 M09 冷却液关也是续效代码，但这两条辅助指令开始执行的时间通常应在快速返回指令结束后才执行。

这类指令主要用于机床加工操作时的一些通断性质的工艺指令。M 代码常因生产厂家及机床的结构和规格不同而各异。下面介绍一些常用的 M 代码：

1. 程序停止指令 M00

在执行完含有 M00 的程序段后，机床的主轴、刀具的进给及冷却液系统都自动停止。该指令用于加工过程中测量刀具和工件尺寸、工件调头、手动变速等固定操作。当程序运行停止时，全部现存的信息将保存起来；当重新按下控制板上的循环启动按钮时，继续执行下一个程序段。

2. 计划停止指令 M01

M01 指令与 M00 基本相似，所不同的是：只有在操作面板上，预先按下"任选停止"按钮，当执行完 M01 指令后，程序停止；如不按下"任选停止"按钮，则 M01 指令不起作用，机床仍继续执行后续的程序段。此指令用于工件关键尺寸的停机抽样检查等场合，当检查完后，按启动键继续执行以后的程序。

3. 主轴控制指令 M03、M04、M05

M03、M04 和 M05 指令的功能分别为控制主轴顺时针方向转动、逆时针方向转动和停止。

4. 换刀指令 M06

M06 为手动或自动换刀指令，不包括刀具选择，选刀用 T 功能指令，也可以自动关闭冷却液和停止主轴。

自动换刀的一种情况是由刀架转位实现的（如数控车床和转塔钻床），它要求刀具调整好后安装在转塔刀架上，换刀指令可实现主轴停止、刀架脱开、转位等动作。自动换刀的另一种情况是用"机械手-刀库"来实现的（如加工中心），换刀过程分为换刀和选刀两种动作，换刀用 M06，选刀用 T 功能指令。

手动换刀指令 M06 用来显示待换刀号。对显示换刀号的数控机床，换刀是用手动实现的。采用手动换刀时，程序中应安排计划停止指令 M01，且安置换刀点，手动换刀后再启动机床开始工作。

5. 冷却液控制指令 M07、M08、M09

M07：2 号冷却液开，用于雾状冷却液开。

M08：1 号冷却液开，用于液状冷却液开。

M09：冷却液关，用于注销 M07、M08、M50 及 M51（M50、M51 为 3 号、4 号冷却液开）。

6. 夹紧、松开指令 M10、M11

M10、M11 分别用于机床滑座、工件、夹具、主轴等的夹紧和松开。

7. 主轴及冷却液控制指令 M13、M14

M13：主轴顺时针方向转动并使冷却液开。

M14：主轴逆时针方向转动并使冷却液开。

8. M02 和 M30

M02 为程序结束指令。它的功能是在完成程序段的所有指令后，使主轴进给和冷却液停止。M02 常用于使数控装置和机床复位。

M30 指令除完成 M02 指令功能外，还包括将纸带倒回到程序开始的字符等。

2.3.3 进给速度（F）、主轴转速（S）及刀具功能（T）指令

1. 进给速度指令（F 功能）

F 值与插补计算及伺服控制有着不可分割的联系。数控系统在插补的同时必须对进给速度进行处理，包括速度计算和加减速控制。

（1）进给速度计算。

在开环系统中，坐标轴运动的速度是通过控制步进电机的走步时间间隔来实现的。开环系统的速度计算是根据编程的 F 值来确定步进电机的走步间隔，也就是确定步进电机的走步频率。走步间隔可用定时中断的方式来实现，速度计算实际是计算出定时时间常数。步进电机走一步，相应的坐标轴移动一个对应的距离 δ（称为脉冲当量）。进给速度 F 与走步频率的关系为

$$f = F /(60\delta)$$

式中　　f ——走步频率；

　　　　F ——进给速度，mm/min；

　　　　δ ——脉冲当量，mm。

两轴联动时，各坐标轴的进给速度分别为

$$F_X = 60 f_X \delta$$
$$F_Y = 60 f_Y \delta$$

式中　　F_X、F_Y——X轴、Y轴的进给速度，mm/min；

　　　　f_X、f_Y——X轴、Y轴步进电机的走步频率。

合成的进给速度为

$$F = \sqrt{F_X^2 + F_Y^2}$$

因为向各个轴分配的走步脉冲是由插补运算结果确定的，若要使进给速度稳定，应选择合适的插补算法和采取稳速措施。

在闭环或半闭环系统中采用数据采样插补法进行插补计算，所以速度计算是根据编程的 F 值，计算每个采样周期的轮廓步长。

进给速度指令由 F 和其后面的数字组成，用于指定数控机床进给速度的大小。F 指令为续效代码，有两种表示方法。

① 代码法：F 后跟两位数字，表示机床进给速度数列的序号，它不直接表示进给速度的大小。

② 直接代码法：F 后跟的数字即为进给速度的大小，如 F100 表示进给速度为 100 mm/min。这种方法直观，现已被大多数机床采用。

（2）加减速控制。

进给系统的速度是不能突变的，进给速度的变化必须平稳过渡，以避免冲击、失步、超程、振荡或工件超差。在进给轴启动、停止时需要进行加减速控制。在程序段之间，为了使程序段转接处的被加工面不留痕迹，程序段之间的速度必须平滑过渡，不应有停顿或速度突变，这时也需进行加减速控制。加减速控制多数采用软件来实现，用软件实现有充分的灵活性。加减速控制可以在插补前进行，称为前加减速控制；加减速控制也可以在插补之后进行，称为后加减速控制。

前加减速控制是对合成速度（即编程指令速度 F）进行控制，其优点是不影响插补输出的位置精度。它的缺点是需要预测减速点，而预测减速点的计算量较大。

后加减速控制是对各轴分别进行加减速控制，不需要预测减速点。由于对各轴分别进行控制，实际各坐标轴的合成位置就可能不准确，但这种影响只是在加减速过程中才存在，进入匀速状态时这种影响就没有了。

2. 主轴转速指令

该指令由 S 和其后面的数字组成，用于指定机床主轴的转速，单位为 r/min。该指令也为续效代码，S 后面的数字所表示的含义与 F 指令相同。

3. 刀具功能指令

刀具功能常称为 T 功能，用于选择刀具号和刀补号。T△□指令由字母 T 和其后的△、□所代表的数字组成，△、□可以为一位数，也可以为两位数。一般△表示刀具，用于选择刀；□表示用第□号拨码盘进行刀补。

2.4 典型数控加工程序编制

数控编程就是按照机床规定的程序格式，逐行写出刀具每一运动行程，然后打出纸带或用手动数据输入（MDI）数控系统的作业。

数控编程时，编程人员必须对所用机床和数控系统中用于编程的各种指令和代码非常熟悉；编程人员还必须对零件进行工艺分析，合理规定切削用量。手工编程的效率较低，据国内外有关资料统计，编程时间与机加工时间之比为 30：1，因此手工编程仅适用于一些由直线和圆弧等组成的简单零件的编程工作。本节主要介绍铣削、车削、钻削加工编程的功能。

2.4.1 数控铣削加工程序编制

1. 数控铣削加工程序编制的特点

（1）铣削是机械加工最常用的方法之一，它包括平面铣削和轮廓铣削。使用数控铣床的目的在于解决复杂的和难以加工的工件的加工问题；把一些用普通机床可以加工（但效率不高）的工件，采用数控铣床加工，以提高加工效率。数控铣床功能各异，规格繁多。编程选择机床要考虑如何最大限度地发挥数控机床的特点。两坐标联动数控铣床用于加工平面零件轮廓，三坐标以上的数控铣床用于复杂工件的立体轮廓加工。

（2）数控铣床的数控系统具有多种插补方法，一般都具有直线插补和圆弧插补功能，有的还具有极坐标插补、抛物线插补、螺旋线插补等多种插补功能。编程时要充分合理地选择这些功能，以提高加工精度和效率。

（3）程序编制时要充分利用数控铣床齐全的功能，如刀具位置补偿、刀具长度补偿、刀具半径补偿、固定循环、对称加工等多种任选功能。

（4）直线、圆弧组成的平面轮廓铣削的数学处理一般比较简单。非圆曲线、空间曲线和曲面的轮廓铣削的数学处理比较复杂，一般要采用计算机辅助计算和自动编程。

2. 刀具位置偏置

偏置（或叫偏移）经常用于铣平行于坐标轴的直线轮廓，如凸台和凹槽等。只要在偏置存储器中设定刀具的半径值（可用 MDI 或程序设定）就可以利用偏置功能，将工件轮廓作为编程轨迹。刀具偏置指令是为了切出规定的长度而设置的，有以下 4 种指令：G45 为沿刀具运动方向增加一个偏置量 e，如图 2-11（a）所示，即刀具半径单边正补偿；G46 为沿刀具运动方向减少一个偏置量 e，如图 2-11（b）所示，即刀具半径单边负补偿；G47 为沿刀具运动方向增加两倍偏置量 e，如图 2-11（c）所示，即刀具半径双边正补偿；G48 为沿刀具运动方向减少两倍偏置量 e，如图 2-11（d）所示，即刀具半径双边负补偿。指令格式如下：

$$G45 \ X\cdots \ Y\cdots \ H（D）\cdots$$
$$G46 \ X\cdots \ Y\cdots \ H（D）\cdots$$
$$G47 \ X\cdots \ Y\cdots \ H（D）\cdots$$
$$G48 \ X\cdots \ Y\cdots \ H（D）\cdots$$

其中，H 或 D 代码为对应于偏置存储器中刀具半径值的偏置号。

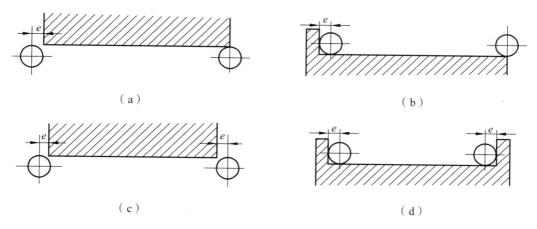

（a）

（b）

（c）

（d）

图 2-11　刀具偏置量

移动指令（即移动坐标）为"0"时，在绝对坐标指令方式（G90）中，刀偏指令不起作用，机床不动作。在增量指令方式（G91）中，机床仅移动偏置量。在 G46 和 G48 指令中，移动指令值小于偏置值时，机床坐标的实际运动方向与编程方向相反。在圆弧插补和斜面轮廓加工时，尽量不采用 G45～G48 指令。G45～G48 为非模态指令代码。

3. 铣削加工手工编程实例

　　例 2-1　编制用刀具位置偏移指令铣削外轮廓的加工程序（内角按刀具圆弧过渡），如图 2-12 所示，零件由平行于坐标轴的直线和圆弧组成。用刀具偏置功能编制外轮廓加工程序，刀具直径为 $\phi 20$ mm，偏置号为 H01，偏置量为 + 10.0 mm，偏置指令为非模态，仅在指定程序段有效，加工路线从 O 点开始，经过 A、B、C、D、E、F、G、H、H'、I'、J、A 又回到 O 点。其程序如下：

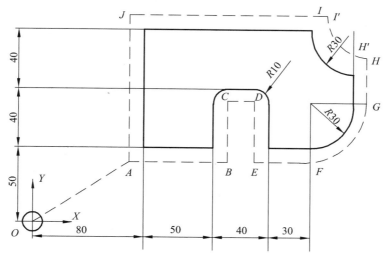

图 2-12　铣削外轮廓

O0001;	程序号：O0001
N0010 G91 G46 G00 X80.0 Y50.0 H01 LF;	刀具快速到 A 点
N0020 G47 G01 X50.0 F120 LF;	切削进给 AB
N0030 Y40.0 LF;	切削进给 BC
N0040 G48 X40.0 LF;	切削进给 CD
N0050 Y-40.0 LF;	切削进给 DE
N0060 G45 X30.0 LF;	切削进给 EF
N0070 G45 G03 X30.0 Y30.0 I0 J30.0 LF;	加工圆弧 FG
N0080 G45 G01 Y20.0 LF;	Y 向进给 GH
N0090 G46 X0 LF;	X 向进给 HH'
N0100 G46 G02 X-30.0 Y30.0 I0 J30.0 LF;	加工圆弧 $H'I'$
M0110 G45 G01 Y0 LF;	Y 向进给 $I'I$
N0120 G47 X-120.0 LF;	直线进给 IJ
N0130 G47 Y-80.0 LF;	直线进给 JA
N0140 G46 X-80.0 Y-50.0 LF;	快速返回到 O 点
N0150 Z30 LF;	Z 轴方向退刀
N0160 M05 LF;	主轴停转
N0170 M02 LF;	程序结束

2.4.2 孔加工的程序编制

1. 孔加工程序编制的特点

孔加工一般在数控钻床、镗床和加工中心机床上进行，数控铣床上也可以实现孔加工。孔加工编程时，没有复杂的数字处理，所以编程比较简单。孔径尺寸由刀具保证，孔距的位置尺寸精度取决于数控系统和机械系统的精度。为了提高孔加工的精度和效率，程序编制中要注意以下几点：

（1）编程中坐标系统的选择应与图纸尺寸的标注方法一致，这样不但减少了尺寸换算，而且容易保证加工精度。

（2）注意提高对刀精度，如程序中要换刀，只要空间允许，可使换刀点安排在加工点上。

（3）使用刀具长度补偿功能，在刀具磨损、换刀后、长度尺寸变化时，使用刀具长度补偿可以保证孔深尺寸。

（4）在孔加工量很大时，为了简化编程，使用固定循环指令和对称功能（有的数控系统具有此功能）。

（5）程序编完后应进行程序原点返回检查，以保证程序的正确性。

2. 孔加工手工编程实例

例 2-2 使用刀具长度补偿和一般指令加工如图 2-13 所示的零件中的 A、B 和 C 3 个孔。

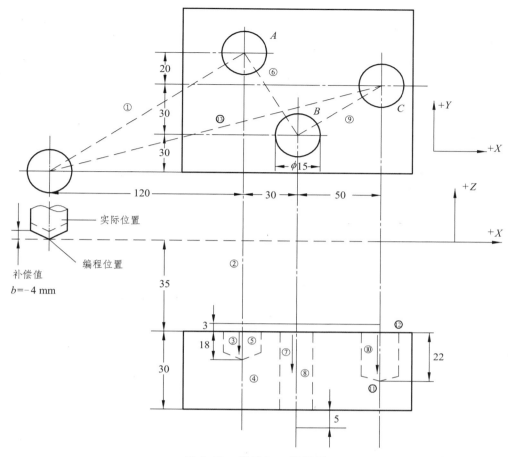

图 2-13 钻孔加工编程图

（1）分析零件图纸，确定加工路线、工艺参数，进行工艺处理，工件定位选在底面和侧面，夹紧压板。对刀点选在工件外，距工件上表面 35 mm 处，并以此作为起刀点。根据孔径选用 $\phi15$ mm 的钻头，由于其长度磨损需要进行长度补偿，补偿量 $b = -4$ mm，刀补号为 H01。补偿号 H00 的补偿量为 0，可以用作取消刀补。主轴转数 $S = 600$ r/min，刀具进给速度 $F = 1\ 000$ mm/min。在具有刀具长度补偿的数控钻床上加工，走刀路线如图 2-13 所示。

（2）数学处理：钻削加工数学处理比较简单，根据图纸尺寸，按照增量坐标（G91）或绝对坐标（G90）确定每个程序段中的各坐标值。

（3）编写零件加工程序单，按照规定的程序格式编写的 A、B 和 C 3 个孔加工的程序单如下：

O0002;	程序号：O0002
N0010 G91 G00 X120.0 Y80.0 LF;	定位到 A 点
N0020 G43 Z-32.0 T1 H01 LF;	刀具快速移动到工进起点，刀具长度补偿
N0030 S600 M03 LF;	主轴启动
N0040 G01 Z-21.0 F1000 LF;	加工 A 孔
N0050 G04 P2000 LF;	孔底停留 2 s

N0060 G00 Z21.0 LF;　　　　　　　　快速返回到工进起点

N0070 X30.0 Y50.0 LF;　　　　　　　定位到 *B* 点

N0080 G01 Z-38.0 LF;　　　　　　　　加工 *B* 孔

N0090 G00 Z38.0 LF;　　　　　　　　快速返回到工进起点

N0100 X50.0 Y30.0 LF;　　　　　　　定位到 *C* 点

N0110 G01 Z-25.0 LF;　　　　　　　　加工 *C* 孔

N0120 G04 P2000 LF;　　　　　　　　孔底停留 2 s

N0130 G00 Z57.0 H00 LF;　　　　　　坐标返回到程序起点，取消刀补

N0140 X-200.0 Y-60.0 LF;　　　　　　*X*、*Y* 坐标返回到程序起点

N0150 M05 LF;　　　　　　　　　　　主轴停转

N0160 M02 LF;　　　　　　　　　　　程序结束

2.4.3　数控车削加工的程序编制

1. 数控车削程序编制的特点

（1）坐标的取法及坐标指令。数控车床径向为 X 轴、纵向为 Z 轴。X 和 Z 坐标指令，在按绝对坐标编程时使用代码 X 和 Z，按增量编程时使用代码 U 和 W。切削圆弧时，使用 *I* 和 *K* 表示圆弧起点相对圆心的相应坐标增量值或者使用半径 *R* 值代替 *I*、*K* 值。在一个零件的程序中或一个程序段中，可以按绝对坐标编程，或按增量坐标编程，也可以用绝对坐标值与增量坐标值混合编程。

X 和 *U* 坐标值，在数控车床的程序编制中是"直径值"，即按绝对坐标值编程时，*X* 为直径值，按增量坐标编程时，*U* 为径向实际位移值的 2 倍，并附上方向符号（正向省略）。

（2）刀具补偿。由于在实际加工中，刀具产生磨损及精加工时车刀刀尖磨成半径不大的圆弧；换刀时，刀尖位置有差异以及安装刀具时产生误差等，都需要利用刀具补偿功能加以补偿，现代数控车床中都有刀具补偿功能。如果不具有刀具补偿功能，就需要进行复杂的计算。

（3）车削固定循环功能。车削加工一般为大余量多次切除的过程，常常需要多次重复几种固定的动作。因此，在数控车床中具备各种不同形式的固定切削循环功能。如内、外圆柱面固定循环，内、外锥面固定循环，端面固定循环，切槽循环，内、外螺纹固定循环及组合面切削循环等。使用固定循环指令可以简化编程。

2. 车削加工手工编程实例

例 2-3　车削零件如图 2-14 所示。该零件已在卧式车床上进行粗加工，本工序只需要进行精加工，需加工柱面、锥面、圆弧、切槽、倒角及螺纹等。图中 ϕ85 mm 不加工，选用具有直线、圆弧插补功能的数控车床加工该零件。

加工过程采用三爪卡盘夹紧 ϕ85 mm 的柱面（工件左端），右端面加顶尖，选用 3 种刀具进行加工，T1 为 80° 的菱形刀片，精车外径；T2 为宽 3 mm 的槽刀，切 3 mm×ϕ45 mm 的退刀槽，T3 为 60° 的螺纹车刀。

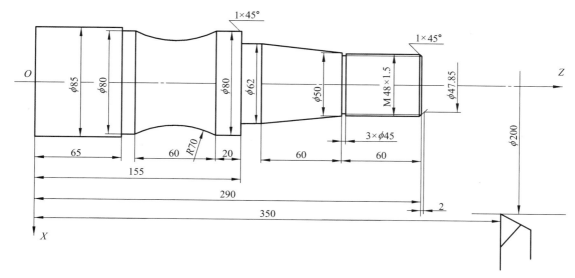

图 2-14 车削零件

该零件的计算较为简单,由图纸尺寸可直接进行编程。螺纹加工中 M48 mm × 1.5 mm 实际外径取 $d = 48$ mm $- 0.1 × 1.5$ mm $= 47.85$ mm;总切深 $h = 0.63 × 1.5$ mm;内径 $d' = 48$ mm $- 1.36 ×$ 1.5 mm $= 45.96$ mm。工件坐标系如图 2-14 所示。

其车削加工程序编制如下:

O0003;	序号:O0003
N0010 G92 X200.0 Z350.0 LF;	坐标设定
N0020 G00 X41.8 Z292.0 S31 M03 T11 M08 LF;	移到刀路起点,开主轴
N0030 G01 X47.8 Z289.0 F15 LF;	倒角
N0040 U0.0 W-59.0 LF;	切 ϕ47.8 mm 的圆
N0050 X50.0 W0 LF;	退刀
N0060 X62.0 W-60.0 LF;	切锥度
N0070 U0.0 Z155.0 LF;	切 ϕ62.0 mm 的圆
N0080 X78.0 W0.0 LF;	退刀
N0090 X800 W-1.0 LF;	倒角
N0100 U00 W-19.0 LF;	切 ϕ80.0 mm 的圆
N0110 G02 U0.0 W-60.0 I63.25 K30.0 LF;	切圆弧
N0120 G01 U0.0 Z65.0 LF;	切 ϕ80.0 mm 的圆
N0130 X90.0 W0.0 LF;	退刀
N0140 G00 X200.0 Z350.0 M05 T10 M09 LF;	退回换刀点,关主轴
N0150 X51.0 Z230.3 S23 M03 T22 M08 LF;	换刀,开主轴
N0160 G01 X45.0 W0.0 F10 LF;	切槽
N0170 G04 U0.5 LF;	延迟
N0180 G00 X51.0 W0.0 LF;	退刀
N0190 X200.0 Z350.0 M05 T20 M09 LF;	退刀

N0200 X52.0 Z296.0 S22 M03 T33 M08 LF;	车螺纹起始位置
N0210 G78 X47.2 Z231.5 F330.0 LF;	直螺纹循环
N0220 X46.6 W-64.5 LF;	直螺纹循环
N0230 X46.1 W-64.5 LF;	直螺纹循环
N0240 X45.8 W-64.5 LF;	直螺纹循环
N0250 G00 X200.0 Z350.0 LF;	退至起点
N0260 M02 LF;	程序结束

2.4.4 加工中心的程序编制

加工中心是将数控铣床、数控钻床、数控镗床的功能集于一体，并装有刀具库及自动换刀装置，所以加工中心程序的编制比功能单一的数控机床要复杂得多，这里仅介绍一般程序编制的步骤及编程实例。

1. 加工中心的编程步骤

（1）首先对加工的零件进行合理的工艺分析。

由于用加工中心进行零件加工的工序较多，使用的刀具种类多，往往在一次装夹下，要完成粗加工、半精加工和精加工等全部工序，所以在进行工艺分析时，要从加工精度和加工效率两个方面来考虑。理想的加工工艺不仅能保证加工工件合格，还应使加工中心的功能得到合理应用和充分发挥，以提高工作效率。

（2）要留出足够的换刀空间。

因为刀库中刀具的直径和长度不可能相同，自动换刀时要注意，避免与工件相撞，换刀位置宜设在远离工件的机床原点或机床参考点。

（3）要合理地安装刀具。

根据加工工艺，按各个工序的先后顺序，合理地把预测好直径、装夹长度的刀具按顺序装备在刀具库中，保证每把刀具安装在主轴上之后，一次完成所需的全部加工，避免二次重复选用。编程人员应将所用刀具详细填写到刀具卡片，以便机床操作人员在程序运行前，根据实际加工状况，及时修改刀具补偿参数。

（4）加工程序应便于检查和调试。

在编写加工程序单时，可将各个不同的工序写成不同的子程序，主程序主要完成换刀和子程序的调用。这样便于每一道工序独立进行程序调试，也便于因加工顺序不合理而作出重新调整。

（5）校验加工程序。

对编制好的加工程序要进行检查校验，可由机床操作人员选用"试运行"开关进行，主要检查刀具、夹具、工件之间是否发生干涉碰撞，加工切削是否到位等。

2. 加工中心的编程实例

例 2-4 加工中心编程，以板材类零件加工编程为例，如图 2-15 所示。图 2-15（a）为零件图，图 2-15（b）为加工坯料图，试编制加工程序。

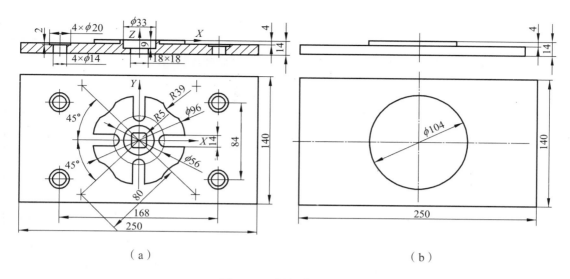

图 2-15　板材类零件图

（1）工艺分析。

工艺过程可分为以下几步：先用中心钻、钻头、锪刀进行孔加工，再对中间凸台盘部分进行粗、精加工。精加工余量为 0.5 mm，其中 4 段 R39 mm 圆弧可用镜像编程，4 个缺口可考虑用子程序调用方式处理。需要进行数值计算的是 4 段 R39 mm 圆弧的圆心，由于是对称的，故仅计算处于第一象限的圆弧的圆心即可。

（2）数值计算。

工件坐标系原点设在工件上表面对称中心，由零件图 2-15（a）可知，R39 mm 圆弧的圆心距工件坐标系原点为 80 mm，且位于 X 轴、Y 轴夹角的平分线上。设圆心坐标为（X_R，Y_R），则

$$X_R = Y_R = 80 \times \cos 45° = 56.569$$

（3）加工工序。

① 用中心钻按零件图 2-15（a）所示的 5 个孔中心位置打 5 个定位孔，深 1 mm。

② 用 ϕ14 mm 的钻头在 5 个定位孔的基础上钻 5 个通孔。

③ 用 ϕ20 mm 的锪刀，锪 4 个沉头孔，深度为 2 mm。

④ 用 ϕ33 mm 的锪刀，锪中心孔，深度为 9 mm。

⑤ 用 ϕ16 mm 的立铣刀粗、精加工中间凸台部分，每次背吃刀量≤2 mm，粗加工留 0.5 mm 的余量。

⑥ 用 ϕ10 mm 的立铣刀加工凸台上的 4 个豁口及中心方孔。

（4）刀具卡片，如表 2-5 所示。

53

表 2-5　刀具卡片

刀具代码	刀具名称	刀具装卡长度/mm	长度补偿代码与补偿值	刀具直径	半径补偿代码与补偿值	主轴转速	进给速度
T01	ϕ3 mm 中心钻	30.85	H01 30.85			S800	F50
T02	ϕ14 mm 钻头	60.21	H02 60.21			S600	F50
T03	ϕ20 mm 锪刀	40.73	H03 40.73			S500	F60
T04	ϕ33 mm 锪刀	50.86	H04 50.86			S300	F60
T05	ϕ16 mm 立铣刀	150.49	H05 150.49	ϕ16.02 mm	D51 10.01 D52 8.51 D53 8.01	S500	F100
T06	ϕ10 mm 立铣刀	120.18	H06 120.18	ϕ10 mm	D61 5	S800	F60

注：① 对于孔加工类的刀具不需要填写直径测量值。
　　② ϕ16 mm 立铣刀用 3 个半径补偿值，D51 代码的补偿值为 10.01 mm，指刀具沿径向切入 2 mm；D52 代码的补偿值为 8.51 mm，是为了留出 0.5 mm 的加工余量；D53 代码的补偿值为 8.01 mm，是精加工时刀具半径的实际补偿值。

（5）程序清单如下：

O0000;　　　　　　　　　　　　　　　　　序号：O0000

N0001　G90 T01

N0002　G53 G28 Z0 M06

N0003　G54 G43 H01 G00 Z20.

N0004　S800 M03 T02

N0005　G99 G81 X0 Y0 Z-1. R3. F50;　　　　用 T01 打 5 个定位孔

N0006　M98 P0001

N0007　G80 M05 G49

N0008　G53 G28 Z0 M06

N0009　G54 G43 H02 G00 Z20.

N0010　S600 M03 T03

N0011　G99 G81 X0 Y0 Z-16. R3. F50;　　　用 T02 打 5 个 ϕ14 mm 的通孔

N0012　M98 P0001

N0013　G80 M05 G49

N0014　G53 G28 Z0 M06

N0015　G54 G00 X0 Y0

N0016　G43 H03 Z20.

N0017　S500 M03 T04

N0018　G99 G28 Z-6. R3. P1000 F60;　　　　用 T03 锪 4 个 ϕ20 mm 的沉头孔

N0019　M98 P0001

N0020　G80 G49 M05

N0021	G53 G28 Z0 M06	
N0022	G54 G00 G43 H04 Z20.	
N0023	S300 M03 T05	
N0024	G98 G82 X0 Y0 Z-9. R3. P1000 F60；	用 T04 锪 ϕ33 mm 的中心沉头孔
N0025	G80 G49 M05	
N0026	G53 G28 Z0 M06	
N0027	G54 G00 X0 Y-70.；	用 T05 粗铣 ϕ96 mm 的凸圆台
N0028	G00 G43 H05 Z-2.；	切深 2 mm
N0029	S500 M03 T06	
N0030	G01 G41 D51 X22. F100；	径向切入 2 mm
N0031	M98 P0002；	粗铣 ϕ100 mm 的圆台
N0032	G01 G41 D52 X22. F100；	径向切入 3.5 mm
N0033	M98 P0002；	粗铣 ϕ96.5 mm 的圆台
N0034	G01 Z-4. F50；	粗铣 ϕ96.5 mm 的圆台
N0035	G01 G41 D51 X22. F100；	径向切入 2 mm
N0036	M98 P0002	
N0037	G01 G41 D52 X22. F100；	径向切入 3.5 mm
N0038	M98 P0002	
N0039	G01 G41 D53 X22. F100；	精铣 ϕ96 mm 的圆台
N0040	M98 P0002	
N0041	G00 Z3.	
N0042	M98 P0003；	铣第一象限 R39 mm 的圆弧
N0043	M21 M98 P0003；	铣第二象限 R39 mm 的圆弧
N0044	M22 M98 P0003；	铣第三象限 R39 mm 的圆弧
N0045	M23；	取消镜像
N0046	M22 M98 P0003；	铣第四象限 R39 mm 的圆弧
N0047	M23；	取消镜像
N0048	G49 M05	
N0049	G53 G28 Z0 M06；	换用 T06（ ϕ10 mm 立铣刀）
N0050	G54 G00 X60. Y0	
N0051	G43 H06 Z-2.；	切深 2 mm
N0052	S800 M03 T00	
N0053	M98 P0004；	铣右边横槽
N0054	G01 Z-4. F100；	切深 4 mm
N0055	M98 P0004；	铣右边横槽
N0056	G00 X-60. Y0	
N0057	Z-2.；	分层铣左边横槽
N0058	M21 M98 P004	
N0059	G01 Z-4. F100	

N0060	M98 P0004	
N0061	M23；	取消镜像
N0062	G00 X0 Y60.	
N0063	Z-2.；	分层铣上边竖槽
N0064	M98 P0005	
N0065	G01 Z-4. F100	
N0066	M98 P0005	
N0067	G00 X0 Y-60.	
N0068	Z-2.；	分层铣下边竖槽
N0069	M22 M98 P0005	
N0070	G01 Z-4. F100	
N0071	M98 P0005	
N0072	M23；	取消镜像
N0073	G00 X0 Y0	
N0074	Z-15	
N0075	G01 G41 D61 X9. F60；	精铣中心方孔
N0076	Y9.	
N0077	X-9.	
N0078	Y-9.	
N0079	X9.	
N0080	Y0	
N0081	G03 X3. Y6. I-6. J0；	走弧线收刀
N0082	G40 G00 X0 Y0 M05	
N0083	G00 Z20.	
N0084	G49	
N0085	G53 G28 Z0 M06；	把T06放回刀库
N0086	M02	
O0001；		4个角孔的中心位置
N0001	X84. Y42.	
N0002	X-84.	
N0003	Y-42.	
N0004	G98 X84.	
N0005	M99	
O0002；		ϕ96 mm 的凸台圆周的切削
N0001	G03 X0 Y-48. I-22. J0	
N0002	G02 I0 J48.	
N0003	G03 X-22. Y-70. I0 J-22.	
N0004	G40 G00 X0	

N0005   M99

O0003；   *R39 mm 弧段的加工*

N0001   G00 X56.569 Y56.569

N0002   G01 Z-4. F50

N0003   G91 G41 D53 X-39. F200

N0004   G03 X39. Y-39. I39. J0 F100

N0005   G00 Z3.

N0006   G40

N0007   M99

O0004；   凸台横槽的切削

N0001   G00 G41 D61 X50. Y7.

N0002   G01 X28. F60

N0003   G03 Y-7. I0 J-7.

N0004   G01 X50.

N0005   G00 G40 X60. Y0

N0006   Z10.

N0007   M99

O0005；   凸台上竖槽的切削

N0001   G00 G41 D61 Y50.X-7.；

N0002   G01 Y28. F60

N0003   G03 X7. I7. J0

N0004   G01 Y50.

N0005   G00 G40 Y60. X0

N0006   Z10.

N0007   M99

2.5 数控加工过程仿真

2.5.1 数控加工仿真

数控加工编程不管是手工编程还是自动编程，编程产生的数控代码在实际加工前，一般要进行试切，试切的材料为木材、石蜡等易切削材料，以较高的进给速度进行加工。如果发现错误，要修改数控代码，然后再进行试切，直到满意为止。试切可能要重复多次，既浪费材料和工时，也无法保证安全性，因为试切过程中仍然可能发生刀具碰到工作台或夹具的情况。数控加工仿真就是利用计算机图形学的方法，采用动态的真实感图形，模拟数控加工的全过程。通过运行数控加工仿真软件，能够判别加工路径是否合理，检测刀具的碰撞和干涉，达到优化加工参数、降低材料消耗和生产成本、最大限度地发挥数控设备利用率的目的。一个完整的数控加工仿真软件应包括以下功能：

（1）数控代码的翻译和检查；

（2）毛坯和零件图形的输入和显示；

（3）刀具的定义和图形显示；

（4）刀具运动及余量去除过程的动态图形显示；

（5）刀具碰撞及干涉检查；

（6）仿真结果报告。

数控加工过程仿真的难点是动态图形的生成和刀具干涉检查。常用的方法有两种：一是用毛坯与刀具运动形成的包络体进行"差"运算。这种方法与零件的几何模型及实际加工过程一致，但对实体建模技术要求很高，计算量大，仿真过程和检测的实时性不容易保证。另一种算法是用图像空间的消隐算法来完成实体布尔运算，该方法能实现动画显示，但由于原始数据都已转化为像素值，所以不能进行精确检测。

2.5.2　数控车削仿真

数控车削属于二维加工，所以数控车削仿真也可以在二维环境下进行。数控车削加工的工艺系统可以分为运动部件和静止部件两部分：运动部件包括刀具、刀架、溜板等；静止部件包括卡盘、尾架、托架等。数控车削加工仿真的内容包括加工轨迹仿真和干涉检验，加工轨迹仿真就是计算并显示出刀尖的运动轨迹，用来检查工件形状是否正确。干涉检验用于检查加工过程中是否会发生碰撞，具体方法是，计算出车床移动部件沿运动轨迹所扫过的区域，将该面积与工件图形及机床静止部件进行"交"运算，从而判断是否发生干涉。图 2-16 为车削加工过程仿真示意图，由于全部运算都在二维环境进行，所以不仅能以动画形式模拟加工过程，而且能准确计算出毛坯材料的切除量和机床运动部件与工件、机床附件发生干涉碰撞的具体数据。

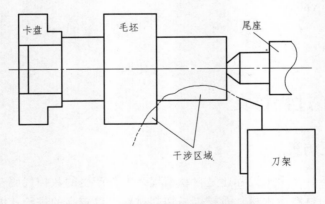

图 2-16　数控车削干涉检验示意图

2.5.3　数控铣削仿真

数控铣削加工的图形仿真和刀具干涉检查在技术难度上远远超过了数控车削加工。由于三维实体布尔运算对几何造型技术要求很高，而且也难以满足实时动画显示的要求，所以目前数控铣削仿真大多采用离散检测算法。该算法的基本思想是，将曲面按一定的精度离散，然后在每个离散点处计算该点沿法线方向到刀具包络体的距离。通过判断距离的正负和大小来检测刀具的过切和漏切。

图 2-17 表示了刀具与被加工曲面间的几种关系，其中 n 为曲面检测点处的法向矢量，S 为检测点到刀体表面的法向距离。如果 $S_g \leqslant S \leqslant S_m$，则在公差范围内；$S < S_g$ 则过切；$S > S_m$ 则漏切，其中 S_g 和 S_m 分别为曲面加工精度中的内偏差和外偏差。

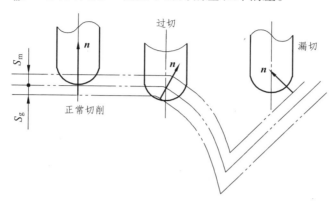

图 2-17　曲面到刀具包络体的法向距离

通过计算，得出曲面上各检测点沿法线方向到刀具包络体的距离后，可判断此时刀具的切削深度和金属切除量，从而选取合适的进给速度和主轴转速。采用这种切削用量优化方法，可以比传统的在整个加工过程中维持一个恒定的进给速度节省大量的加工时间。同时，对于进给速度变化频繁或变化幅度过大的刀具运动，可建议用户改变刀具轨迹，重新规划走刀方式，使加工路径沿曲率变化较小的方向。这样可以使加工过程中金属切除率比较均匀。

加工过程的动画显示是为了对加工过程有一个直观、全面的了解。切削过程的图形仿真技术与一般的真实感图形生成算法完全相同，具体可以采用 Z 缓存方法，先计算刀具包络体所对应的屏幕像素的深度值和颜色灰度值，然后与毛坯体在该处的像素进行比较，得出最后的显示图像。

习　题

1. 试述手工编程的内容与方法。
2. 数控程序和程序段的格式是什么？包括哪几类指令代码？
3. 准备功能（G）有哪几种功用？各使用在什么场合？
4. 数控加工的工件坐标系和机床坐标系的关系是如何建立的？
5. 插补指令有几种？速度代码有几种？有关坐标系的指令有几种？
6. 补偿功能指令、主轴功能指令和刀具功能指令各有哪几种？各使用在什么场合？
7. 辅助功能（M）的作用是什么？常用的 M 指令有哪些？
8. 钻、镗削固定循环和车削固定循环各有哪几种？其指令格式、应用场合是什么？

3　数控车床加工程序设计典型实例

数控车床主要用于加工轴类、盘类等回转体零件。本章主要介绍数控车床数控系统的操作以及国内一些常用机床操作面板的使用方法；同时收集了一些实用的典型零件加工实例，由浅入深，从工艺路线、工件坐标系的设定、工件的装夹、刀具的选择、切削用量的确定等方面作了介绍。

3.1　FANUC 0-TD/0-MD 数控系统操作

图 3-1 为 FANUC 0-TD 数控系统控制面板，操作键盘在视窗的右上角，其左侧为坐标和程序显示屏，右侧是编程面板。

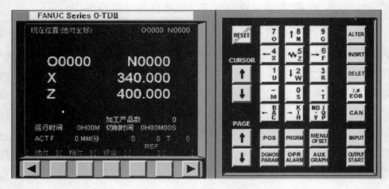

图 3-1　FANUC 0-TD 数控系统控制面板

3.1.1　按键介绍

1. 数字/字母键（见图 3-2）

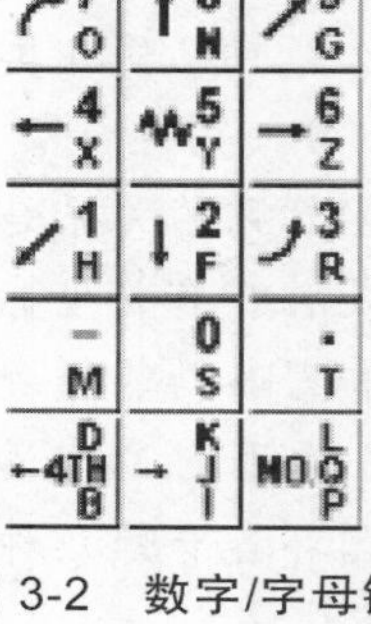

图 3-2　数字/字母键

数字/字母键用于输入数据，如图 3-3 所示，系统自动识别取字母还是取数字。例如，键 →K∕J∕I 的输入顺序是：K→J→I→K…以此循环。

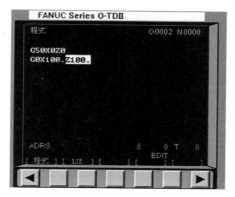

图 3-3　FANUC 0-TD 数字及符号输入

2. 编辑键

ALTER 替换键：用新输入的数据替换光标所在的数据。

DELET 删除键：删除光标所在的数据，或者删除一个程序，或者删除全部程序。

INSRT 插入键：把输入区中的数据插入到当前光标之后的位置。

CAN 取消键：消除输入区内的数据。

EOB 回车换行键：结束一行程序的输入并且换行。

3. 页面切换键

PRGRM 用于程序显示与编辑页面。

POS 用于坐标显示页面，位置显示有 3 种方式，用软键或"PAGE"按钮选择。

MENU OFSET 用于参数输入页面。

4. 翻页按钮（PAGE）

PAGE ↑ ↓ 用于向上翻页或向下翻页。

5. 光标移动（CURSOR）

CURSOR ↑ ↓ 用于向上移动光标或向下移动光标。

6. 输入输出键

INPUT 输入键：把数据输入参数页面或者输入一个外部的程序。

OUTPUT START 输出键：把当前程序输出到计算机。

3.1.2　手动操作数控机床

1. 回参考点

（1）置模式旋钮在"REF.R"位置。

（2）按 ，即回参考点。

2. 移　动

手动移动机床的方法有 4 种：

方法一：连续移动（ ），这种方法用于较长距离的移动。

（1）置模式在"JOG"（ ）位置。

（2）选择各轴方向键 + X、+ Y、+ Z 或 – X、– Y、– Z，点击各键，机床移动，松开后停止移动。

（3）按 键，各轴快速移动。

方法二：点动（ ），这种方法用于微量调整，如用在对基准点操作中。

（1）置模式在"JOG"位置。

（2）选择各轴，每按一次，移动一步。

方法三：增量进给（ ）。

（1）置模式在"JOGINC"位置。

（2）选择倍率：× 1 为 0.001 mm；× 10 为 0.01 mm；× 100 为 0.1 mm；× 1k 为 1 mm。

（3）选择各轴，每按一次，移动一步。

方法四：操纵"手脉"（ ），这种方法用于微量调整。在实际生产中，使用手脉可以让操作者容易控制和观察机床移动。"手脉"在软件界面右上角 中，点击即出现。

3. 开、关主轴

（1）置模式旋钮在"JOG"（ ）位置。

（2）按 按钮开机床主轴，按 按钮关机床主轴。

4. 启动程序加工零件

（1）在"EDIT"模式或"AUTO"模式下，选择一个程序（参照下面的介绍选择程序方法）。

（2）置模式旋钮在"AUTO"（ ）位置。

（3）按 按钮。

5. 试运行程序

试运行程序时，机床和刀具不切削零件，仅运行程序。

（1）在"EDIT"模式或"AUTO"模式下，选择一个程序（参照下面的介绍选择程序方法）。

（2）置模式旋钮在"AUTO"（ AUTO ）位置。

（3）按 AXIS INHIBT 按钮。

（4）按 CYCLE START 按钮。

6. 单步运行

（1）在"EDIT"模式或"AUTO"模式下，选择一个程序（参照下面的介绍选择程序方法）。

（2）置模式旋钮在"AUTO"（ AUTO ）位置。

（3）置单步开关 SINGL BLOCK 于"ON"位置。

（4）程序运行过程中，每按一次 CYCLE START 键，执行一条程序段。

7. 选择一个程序

有两种方法进行选择：

（1）按程序号搜索。

① 选择模式在"EDIT"。

② 按 PRGRM 键输入字母"O"。

③ 按 7 0 键输入数字"7"，搜索"O7"号程序。

④ 按光标键 ↓ 开始搜索；找到后，"O7"程序号即显示在屏幕右上角程序编号位置，"O7"NC 程序显示在屏幕上。

（2）选择"AUTO"（ AUTO ）模式。

① 按 PRGRM 键输入字母"O"。

② 按 7 0 键输入数字"7"，输入程序号"O7"。

③ 按 INPUT 开始搜索，"O7"程序号显示在屏幕右上角，"O7"NC 程序显示在屏幕上。

8. 删除一个程序

（1）选择模式在"EDIT"。

（2）按 PRGRM 键输入字母"O"。

（3）按 7 0 键输入数字"7"，键入要删除的程序号"O7"。

（4）按 DELET 键，"O7"NC 程序被删除。

9. 删除全部程序

（1）选择模式在"EDIT"。

（2）按 PRGRM 键输入字母"O"。

（3）输入"-9999"。

（4）按 DELET 键，全部程序被删除。

10. 搜索一个指定的代码

一个指定的代码可以是一个字母或一个完整的代码。例如，"N0010""M""F""G03"等。搜索在当前程序内进行，操作步骤如下：

（1）选择模式在"AUTO"或"EDIT"。

（2）按 PRGRM 键。

（3）选择一个 NC 程序。

（4）输入需要搜索的字母或代码，如"M""F""G03"。

（5）按光标键 ↓ 开始在当前程序中搜索。

11. 编辑 NC 程序（删除、插入、替换操作）

（1）模式置于"EDIT"。

（2）选择 PRGRM 键。

（3）输入被编辑的 NC 程序名，如"O7"，按 INSRT 键即可编辑。

（4）移动光标。

方法一：按 PAGE 键 ↑ 或 ↓ 翻页，按 CURSOR 键 ↑ 或 ↓ 移动。

方法二：用搜索一个指定代码的方法移动光标。

（5）输入数据：用鼠标点击数字/字母键，CAN 键用于删除输入区内的数据。

删除、插入、替换如下：

按 DELET 键，删除光标所在的代码。

按 INSRT 键，把输入区的内容插入到光标所在代码的后面。

按 ALTER 键，把输入区的内容替换光标所在的代码。

12. 通过操作面板手工输入 NC 程序

（1）置模式开关在"EDIT"。

（2）按 PRGRM 键，再按 LIB 键进入程序页面。

（3）按 O7 键，输入"O7"程序号（键入的程序号不可以与已有的程序号重复）。

（4）按 EOB INSRT 键换行，开始输入程序。

（5）输入程序时，输入区每次可以输入一段代码。

（6）按 EOB 键结束一行的输入后换行，再继续输入。

13. 从计算机输入一个程序

编辑 NC 程序可在计算机键盘上建立文本文件编写，文本文件（*.txt）后缀名必须改为*.nc 或*.cnc。

（1）选择"EDIT"模式，按 PRGRM 键切换到程序页面。

（2）新建程序名"O××××"，按 INSRT 键进入编程页面。

（3）按 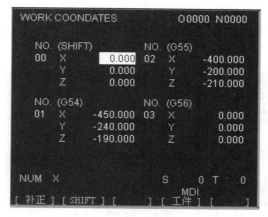 键打开计算机目录下的 NC 文件，程序显示在当前屏幕上。

14. 输入零件原点参数

（1）置开关在"MDI"或"JOG"模式。

按 MENU OFSET 键进入参数设定页面，按"工件"。用 PAGE 键 ↓ 和 ↑ 在 NO1～NO3 坐标系页面和 NO4～NO6 坐标系页面之间切换，NO1～NO6 分别对应 G54～G59，如图 3-4 所示。

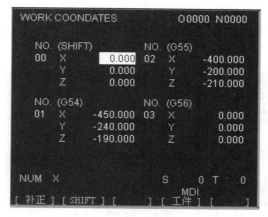

图 3-4　工件坐标系页面

（2）用 CURSOR 键 ↓ 和 ↑ 选择坐标系。

输入地址字（X/Y/Z）和数值到输入区。

（3）按 INPUT 键，把输入区中间的内容输入到所指定的位置。

15. 输入刀具补偿参数

输入半径补偿参数如下：

（1）置模式开关在"JOG"。

（2）按 MENU OFSET 键进入参数设定页面，按"补正"。

（3）用 PAGE 键 ↓ 和 ↑ 选择长度补偿和半径补偿，如图 3-5 所示。

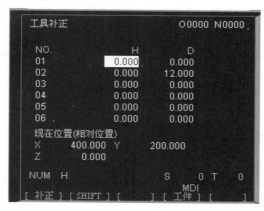

图 3-5　刀具补正页面

（4）用 CURSOR 键 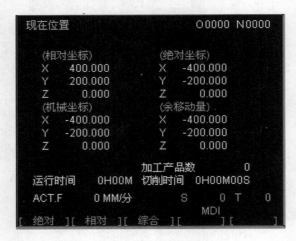 和 选择补偿参数编号。

（5）输入补偿值到长度补偿 H 或半径补偿 D。

（6）按 INPUT 键，把输入的补偿值输入到所指定的位置。

16. 坐标显示

按 POS 键切换到坐标显示页面，坐标显示有 3 种方式：

（1）绝对坐标系：显示机床在当前坐标系中的位置。

（2）相对坐标系：显示机床坐标相对于前一位置的坐标。

（3）综合显示：同时显示机床在以下坐标系中的位置，如图 3-6 所示。

图 3-6　综合显示

① 绝对坐标系中的位置（ABSOLUTE）。

② 相对坐标系中的位置（RELATIVE）。

③ 机床坐标系中的位置（MACHINE）。

④ 当前运动指令的剩余移动量（DISTANCE TO GO）。

17. MDI 手动数据输入

（1）置方式在"MDI"（ MDI ）模式。

（2）按 PRGRM 键，再按 MDI 键，输入程序，按 INPUT 键。

（3）按 OUTPUT START 或 CYCLE START 键运行程序。

3.2　机床操作面板介绍

（1）图 3-7 为济南第一机床有限公司生产的 FANUC 系统数控车床操作面板示意图，表 3-1 为该数控车床操作面板的功能说明。

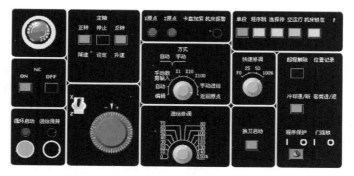

图 3-7　FANUC 系统数控车床操作面板

表 3-1　数控车床操作面板功能说明

图标	功能说明	图标	功能说明	图标	功能说明
循环启动	循环启动	进给保持	进给保持		紧停按钮
正转	主轴正转	停止	主轴停止	反转	主轴反转
降速	主轴降速	设定	主轴设定	升速	主轴升速
X原点	显示回到 X 原点	Z原点	显示回到 Z 原点	机床报警	显示机床报警
程序保护	程序保护	门连锁	机床门锁定	卡盘加紧	卡盘加紧
单段	单段	程序跳	程序跳	选择停	选择停
空运行	空运行	机床锁住	机床锁住	换刀启动	换刀启动
冷却通/断	冷却通/断	位置记录	位置记录	超程解除	超程解除
ON	系统开启	OFF	系统关闭	套筒进/退	套筒进/退
手轮控制	手轮控制	进给修调	进给修调		编辑/自动/手动数据输入/增量进给倍率/手动进给/返回原点
快速修调	快速修调				

（2）图 3-8 为南京第二机床厂有限公司生产的 FANUC 系统数控车床操作面板示意图，表 3-2 为该数控车床操作面板的功能说明。

图 3-8　FANUC 系统数控车床操作面板

表 3-2　数控车床操作面板功能说明

图标	功能说明	图标	功能说明	图标	功能说明
ON	系统启动	OFF	系统关闭	PROTECT	程序输入保护开关
SBK	单步运行	DNC	在线加工	DRN	空运行
CW	主轴正转	STOP	主轴停止	CCW	主轴反转
	程序复位		程序停止		程序执行
COOL	冷却液按钮	TOOL	刀架选择按钮	DRIVE	机床驱动
	紧停按钮		手轮		坐标轴选择/快速进给
	进给倍率调整		EDIT（编辑）/MDI（手动数据输入）/JOG（手动）/MDI 增量进给/AUTO（自动循环）/回参考点		

68

3.3 轴类零件加工程序设计

例 3-1 在数控车床加工的零件如图 3-9 所示。

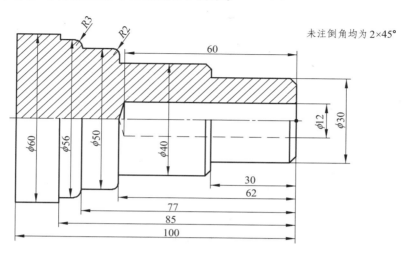

图 3-9 台阶轴的数控车床加工

（1）工艺分析。

① 确定工艺路线：确定工艺路线必须对加工零件、尺寸精度、技术要求等进行综合分析和确认。从例 3-1 可以看出，本例题需要对台阶轴进行加工，同时有钻孔加工，零件的尺寸精度为自由公差，编制程序时采用粗切循环调用子程序对外形加工—钻孔—精车加工。

② 工件装夹：数控车床上的夹具主要有两类：一类用于盘类或短轴类零件，工件毛坯装夹在带可调卡爪的卡盘（三爪、四爪）中，由卡盘传动旋转；另一类用于轴类零件，毛坯装在主轴顶尖和尾架顶尖间，工件由主轴上的拨动卡盘传动旋转。本例题采用三爪卡盘装夹零件的右端面。

③ 刀具选择：与普通机床加工方法相比，数控加工对刀具提出了更高的要求，不仅需要刚性好、精度高，而且要求尺寸稳定、耐用度高、断屑和排屑性能好；同时要求安装调整方便，这样来满足数控机床高效率的要求。数控机床上所选用的刀具常采用适应高速切削的刀具材料（如高速钢、超细粒度硬质合金），并使用可转位刀片。数控车削常用的车刀一般分尖形车刀、圆弧形车刀以及成型车刀三类。在数控加工中，应尽量少用或不用成型车刀。本例题采用 T1：外圆粗车刀；T2：外圆精车刀；T3：钻头；T4：镗孔刀。

④ 切削用量：在数控编程时，编程人员必须确定每道工序的切削用量，并以指令的形式写入程序中。切削用量包括主轴转速、背吃刀量及进给速度等。切削用量的选择原则是：保证零件加工精度和表面粗糙度，充分发挥刀具的切削性能，保证合理的刀具耐用度；充分发挥机床的性能，最大限度提高生产率，降低成本。总之，切削用量的具体数值应根据机床性能、相关的手册并结合实际经验用类比方法确定。同时，使主轴转速、切削深度及进给速度三者能相互适应，以形成最佳切削用量。本例题粗车、精车采用不同的切削用量，粗车背吃刀量为 2 mm，精车背吃刀量为 0.5 mm；粗车进给速度为 F0.4，精车进给速度为 F0.1。

⑤ 工件坐标系：工件坐标系是用来确定工件几何形体上各要素的位置而设置的坐标系，工件原点的位置是人为设定的，它是由编程人员在编制程序时根据工件的特点选定的，所以也称编程原点。以工件原点为坐标原点建立的 X、Y、Z 轴直角坐标系，称为工件坐标系。数控车床加工零件的工件原点一般选择在工件右端面、左端面或卡爪的前端面与 Z 轴的交点上。根据加工图纸，为方便编程时数据计算，选择零件右端面的中心作为工件坐标的原点位置。

（2）加工程序（FANUC 系统）如下：

```
%
O6011
N010 G50 X100 Z50. T0100;                   建立工件坐标系，换 T01 号刀
N020 G96 S1500 M03;                          主轴转动，恒线速
N025 G00 X60 Z0. T0101;                       调 T01 刀补
N030 G01 X-1. F0.1
N035 G00 X61. Z3.
N040 G71 U2. R0.5;                            粗切循环
N045 G71 P50 Q115 U0.4 W0.2 F0.4;            粗切循环
N050 G00 X20.;                               子程序
N055 G01 Z0.;                                子程序
N060 X22.;                                   子程序
N065 Z-2. X30.;                              子程序
N070 Z-30. X30.;                             子程序
N075 Z-30. X36.;                             子程序
N080 Z-32. X40.;                             子程序
N085 Z-62. X40.;                             子程序
N090 Z-62. X46.;                             子程序
N095 G03 Z-64. X50. K-2. I0.;                子程序
N100 G01 Z-77. X50.;                         子程序
N105 G03 Z-80. X56 K-3. I0.;                 子程序
N110 G01 Z-85 X56;                           子程序
N115 Z-85 X57;                               子程序
N120 G00 X100. Z30.
N125 X150 Z150 T0100;                        退刀去刀补
N130 G00 X61 Z30 T0202;                      换刀 T2
N135 G00 Z10
N140 G70 P50 Q115;                           精切循环
N150 X150. Z150. T0200;                      退刀去刀补
N155 G0 X0 Z170. T0303;                      换刀 T3
N160 G0 Z1.
N165 G01 Z-60. F0.1
```

N170 G0 Z170. T0300；	退刀去刀补
N175 T0404；	换刀 T4
N180 G0 X12	
N182 G00 Z1	
N185 G01 Z-57 F0.1；	镗孔
N188 G01 X10	
N190 G00 Z100；	退刀去刀补
N195 M05；	主轴停止
N200 M30；	程序停止

例 3-2 采用半径编程方式编写零件的加工程序，零件如图 3-10 所示。

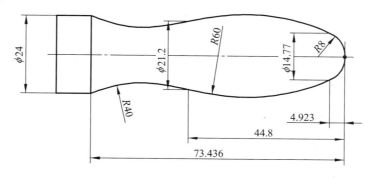

图 3-10　刀具半径编程

（1）工艺分析。

①　确定工艺路线：本例题是一个圆弧的综合加工实例，对零件的尺寸要求主要是要求圆弧连接光滑过渡，编制程序时采用调用子程序方式对外形加工。

②　工件装夹：三爪卡盘装夹工件的右端。

③　刀具选择：T1 外圆刀。

④　切削用量：背吃刀量为 2 mm，进给速度为 F0.2。

⑤　工件坐标系：选择零件右端面的中心作为工件坐标的原点位置。

（2）加工程序（FANUC 系统）如下：

%	
O6021；	主程序名
N1 G92 X16 Z1；	设立坐标系，定义对刀点的位置
N2 M03 S600 T0101 G00 Z0；	到子程序起点处、主轴正转
N3 M98 P0003 L6；	调用子程序，并循环 6 次
N4 G00 X16 Z1；	返回对刀点
N5 G36；	取消半径编程
N6 M05；	主轴停
N7 M30；	主程序结束并复位

%
O5022 ;   子程序名
N1 G01 U-12 F0.2 ;   进刀到切削起点处
N2 G03 U7.385 W-4.923 R8 ;   加工 R8 mm 圆弧段
N3 U3.215 W-39.877 R60 ;   加工 R60 mm 圆弧段
N4 G02 U1.4 W-28.636 R40 ;   加工 R40 mm 圆弧段
N5 G00 U4 ;   离开已加工表面
N6 W73.436 ;   回到循环起点 Z 轴处
N7 G01 U-4.8 F100 ;   调整每次循环的切削量
N8 M99 ;   子程序结束，并回到主程序

例 3-3　分析如图 3-11 所示的零件，编写程序，加工圆柱螺纹。

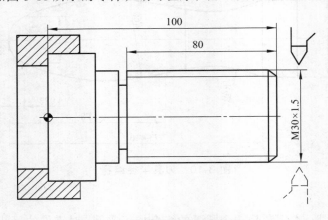

图 3-11　圆柱螺纹数控车床加工

（1）工艺分析。

① 确定工艺路线：本例题主要是圆柱螺纹的数控车床加工，螺纹导程为 1.5 mm，编制程序时采用对外形加工—切槽—加工螺纹。

② 工件装夹：三爪卡盘装夹工件的右端面。

③ 刀具选择：T1 螺纹刀。

④ 切削用量：车螺纹时，刀具沿螺纹方向的进给应与工件主轴旋转保持严格的速比关系。考虑到刀具从停止状态到达指定的进给速度或从指定的进给速度降至零，驱动系统必有一个过渡过程，沿轴向进给的加工路线长度，除保证加工螺纹长度外，还应增加 δ_1（2 ~ 5 mm）的刀具引入距离和 δ_2（1 ~ 2 mm）的刀具切出距离，这样来保证切削螺纹时，在升速完成后使刀具接触工件，刀具离开工件后再降速。本例题编程时螺纹刀的进刀、退刀分别为 $\delta_1 = 1.5$ mm、$\delta_2 = 1$ mm，每次背吃刀量（直径值）分别为 0.8 mm、0.6 mm、0.4 mm、0.16 mm。

⑤ 工件坐标系：根据加工图纸，为方便编程时数据计算，可以选择距离零件右端面 100 mm 的中心位置作为工件坐标的原点位置。

（2）加工程序（FANUC 系统）如下：

```
%
O5031
N1 G92 X50 Z120;
N2 T0101 M03 S300;
N3 G00 X29.2 Z101.5;
N4 G32 Z19 F1.5;
N5 G00 X40;
N6 Z101.5;
N7 X28.6;
N8 G32 Z19 F1.5;
N9 G00 X40;
N10 Z101.5;
N11 X28.2;
N12 G32 Z19 F1.5;
N13 G00 X40;
N14 Z101.5;
N15 U-11.96;
N16 G32 W-82.5 F1.5;
N17 G00 X40;
N18 X50 Z120;
N19 M05;
N20 M30;
```

设立坐标系，定义对刀点的位置
主轴以 300 r/min 旋转
到螺纹起点，吃刀深 0.8 mm
切削螺纹到螺纹切削终点，降速段 1 mm
X 轴方向快退
Z 轴方向快退到螺纹起点处
X 轴方向快进到螺纹起点处，吃刀深 0.6 mm
切削螺纹到螺纹切削终点
X 轴方向快退
Z 轴方向快退到螺纹起点处
X 轴方向快进到螺纹起点处，吃刀深 0.4 mm
切削螺纹到螺纹切削终点
X 轴方向快退
Z 轴方向快退到螺纹起点处
X 轴方向快进到螺纹起点处，吃刀深 0.16 mm
切削螺纹到螺纹切削终点
X 轴方向快退
回对刀点
主轴停
主程序结束并复位

例 3-4 采用外径粗加工复合循环指令编制图 3-12 所示的零件的加工程序，要求循环起始点在点 A（46，3）处，其中双点画线部分为工件毛坯。

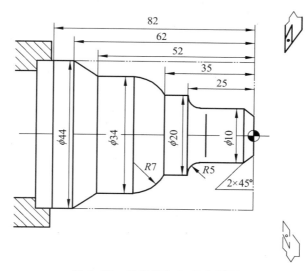

图 3-12　外径粗加工复合循环

（1）工艺分析。

① 确定工艺路线：本例题是外径粗加工复合循环指令的数控车床练习，采用 G71 U… R… P… Q… X… Z…复合循环指令加工。

② 工件装夹：三爪卡盘装夹工件的右端面。

③ 刀具选择：T1 外圆车刀。

④ 切削用量：背吃刀深度为 1.5 mm（半径值），退刀量为 1 mm，X 方向精加工余量为 0.4 mm，Z 方向精加工余量为 0.1 mm。

⑤ 工件坐标系：根据加工图纸，为方便编程时数据计算，可以选择零件右端面中心位置作为工件坐标的原点位置。

（2）加工程序如下：

```
%
O6041
N1 G55 G00 X80 Z80;              选定坐标系 G55，到程序起点位置
N2 M03 S400;                     主轴以 400 r/min 正转
N3 G01 X46 Z3 F100;              刀具到循环起点位置
N4 G71 U1.5 R1 P5Q 13 X0.4 Z0.1; 粗切量：1.5 mm；精切量：X = 0.4 mm、Z = 0.1 mm
N5 G00 X0;                       精加工轮廓起始行，到倒角延长线
N6 G01 X10 Z-2;                  精加工 2×45° 倒角
N7 Z-20;                         精加工 φ10 mm 外圆
N8 G02 U10 W-5 R5;               精加工 R5 mm 圆弧
N9 G01 W-10;                     精加工 φ20 mm 外圆
N10 G03 U14 W-7 R7;              精加工 R7 mm 圆弧
N11 G01 Z-52;                    精加工 φ34 mm 外圆
N12 U10 W-10;                    精加工外圆锥
N13 W-20;                        精加工 φ44 mm 外圆，精加工轮廓结束行
N14 X50;                         退出已加工面
N15 G00 X80 Z80
N16 M05
N17 M30
```

3.4 盘类零件加工程序设计

例 3-5 加工如图 3-13 所示的盘类工件，毛坯为 φ55 mm×18 mm 的盘料，材料为 45 钢。

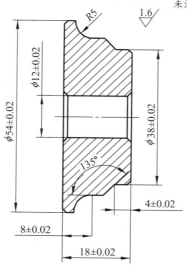

未注倒角均为1×45°

图 3-13　盘类工件

（1）工艺分析。

对于尺寸精度要求较高和大批量生产的零件，可以采用阶梯切削路线编程的方法加工，虽然刀具每次运动的位置都需编入程序，数学计算要求严格，程序较长，但刀具切削路径短，生产效率高，因此被广泛采用。

根据零件图样要求、毛坯及前道工序的加工情况，确定工艺方案、工件装夹及加工路线。

① 以已加工出的 $\phi(12\pm0.02)$ mm 内孔及左端面为工艺基准，用长芯轴及左端面定位工件，工件右端面用压板、螺母夹紧，用三爪自定心卡盘夹持芯轴，一次装夹完成粗、精加工。

② 工步顺序如下：

a. 粗车外圆。基本采用阶梯切削路线，为编程时数值计算方便，圆弧部分可用同心圆车圆弧法，分四刀切完；圆锥部分用相似斜线车锥法，分三刀切完。

b. 自右向左精车外轮廓面。

③ 刀具选择：根据加工要求，考虑加工时刀具与工件不要发生干涉，可用一把尖头外圆车刀（或可转位机夹外圆车刀）完成粗、精加工。

④ 切削用量：切削用量的具体数值详见加工程序。

⑤ 确定工件坐标系、对刀点和换刀点：确定以工件右端面与轴心线的交点为工件原点，建立工件坐标系。由于尺寸要求严格，对刀采用手动试切对刀的方法把工件右端面与毛坯外圆面的交点作为对刀点。采用 MDI 方式操纵机床，具体操作步骤如下：

a. 回参考点：按 "ZERO" 键回参考点，建立机床坐标系。

b. 对刀：主轴正转，先用已选好车刀的刀尖紧靠工件右端面，按设置编程零点键，CRT 屏幕上显示 X、Z 坐标值都清成零（即 X0，Z0）；然后再将工件外圆表面车一刀，保持 X 向尺寸不变，Z 向退刀，当 CRT 上显示的 Z 坐标值为零时，按设置编程零点键，CRT 屏幕上显示 X、Z 坐标值都清成零（即 X0，Z0）。系统内部完成了编程零点的设置功能，即对刀点为编程零点，建立了工件坐标系。

（2）加工程序如下：

```
%
O6051
N0010 G92 X27.5 Z0；                          建立 XOZ 工件坐标系
N0020 G00 Z2 S500 M03
N0030 X27；                                   车外圆得 φ54 mm
N0040 G01 Z-18.5 F100
N0050 G00 X30
N0060 Z2
N0070 X25.5；                                 粗车一刀外圆得 φ51 mm
N0080 G01 Z-10 F100
N0090 G91 G02 X1.5 Z-1.5 I1.5 K0；            粗车一刀圆弧得 R1.5 mm
N0100 G90 G00 X30
N0110 Z2
N0120 X24；                                   粗车两刀外圆得 φ48 mm
N0130 G01 Z-10 F100
N0140 G91 G02 X3 Z-3 I3 K0；                  粗车两刀圆弧得 R3 mm
N0150 G90 G00 X30
N0160 Z2
N0170 X22.5；                                 粗车三刀外圆得 φ45 mm
N0180 G01 Z-10 F100
N0190 G91 G02 X4.5 Z-4.5 I4.5 K0；            粗车三刀圆弧得 R4.5 mm
N0200 G90 G00 X30
N0210 Z2
N0220 X21；                                   粗车四刀外圆得 φ42 mm
N0230 G01 Z-4 F100
N0240 G91 X1.5 Z-1.5；                        粗车圆锥一刀
N0250 G90 G00 X25
N0260 Z2
N0270 X19.5；                                 粗车五刀外圆得 φ39 mm
N0280 G01 Z-4 F100
N0290 G91 X3 Z-3；                            粗车圆锥两刀
N0300 G90 G00 X25
N0310 Z2
N0320 X18；                                   精车外轮廓
N0330 G01 Z0 F150 S800
N0340 G91 X1 Z-1
N0350 Z-3
```

76

N0360 X3 Z-3

N0370 Z-3

N0380 G02 X5 Z-5 I5 K0

N0390 G01 Z-2

N0400 X-1 Z-1

N0410 G90 G00 X30

N0420 Z150

N0430 M02

例 3-6 采用数控车床加工如图 3-14 所示的套筒零件，毛坯直径为 $\phi150$ mm、长为 40 mm，材料为 Q235；未注倒角为 $1 \times 45°$，其余 $R_a3.2$；棱边倒钝。

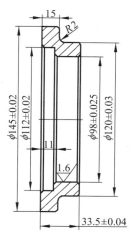

图 3-14 套筒零件

（1）工艺分析。

夹 $\phi120$ mm 的外圆，找正，加工 $\phi145$ mm 的外圆及 $\phi112$ mm、$\phi98$ mm 的内孔。所用刀具有外圆加工正偏刀（T01）、内孔车刀（T02）。加工工艺路线为：粗加工 $\phi98$ mm 的内孔→粗加工 $\phi112$ mm 的内孔→精加工 $\phi98$ mm、$\phi112$ mm 的内孔及孔底平面→加工 $\phi145$ mm 的外圆。

用芯棒装 $\phi112$ mm 的内孔，夹芯棒，加工 $\phi120$ mm 的外圆及端面。所用刀具有 45° 端面刀（T01）、外圆加工偏刀（T02）。加工工艺路线为：加工端面→加工 $\phi120$ mm 的外圆→加工 $R2$ mm 的圆弧及平面。

（2）加工程序。

① 加工 $\phi145$ mm 的外圆及 $\phi112$ mm、$\phi98$ mm 的内孔的程序如下：

%

O6061；   程序名

N10 G92 X160 Z100；   设置工件坐标系

N20 M03 S300；   主轴正转，转速 300 r/min

N30 M06 T0202；   换内孔车刀

N40 G90 G00 X95 Z5；　　　　　　　　快速定位到直径 φ95 mm、距端面 5 mm 处

N50 G81 X150 Z0 F100；　　　　　　　加工端面

N60 G80 X97.5 Z-35 F100；　　　　　　粗加工 φ98 mm 内孔，留径向余量 0.5 mm

N70 G00 X97；　　　　　　　　　　　刀尖定位至 φ97 mm 直径处

N75 G80 X105 Z-10.5 F100

N80 G80 X111.5 Z-10.5 F100；　　　　　粗加工 φ112 mm 内孔，留径向余量 0.5 mm

N90 G00 X116 Z1；　　　　　　　　　快速定位到直径 φ116 mm、距端面 1 mm 处

N100 G01 X112 Z-1；　　　　　　　　倒角 1×45°

N100 Z-10；　　　　　　　　　　　　精加工 φ112 mm 内孔

N120 X100；　　　　　　　　　　　　精加工孔底平面

N130 X98 Z-11；　　　　　　　　　　倒角 1×45°

N140 Z-34；　　　　　　　　　　　　精加工 φ98 mm 内孔

N150 G00 X95；　　　　　　　　　　快速退刀到 φ95 mm 直径处

N160 Z100

N170 X160

N175 T0200；　　　　　　　　　　　清除刀偏

N180 M06 T0101；　　　　　　　　　换加工外圆的正偏刀

N190 G00 X150 Z2；　　　　　　　　刀尖快速定位到直径 φ150 mm、距端面 2 mm 处

N200 G80 X145 Z-15.5 F100；　　　　　加工 φ145 mm 外圆

N210 G00 X141 Z1

N220 G01 X147 Z-2 F100；　　　　　　倒角 1×45°

N230 G00 X160 Z100；　　　　　　　刀尖快速定位到直径 φ160 mm、距端面 100 mm 处

N210 T0100；　　　　　　　　　　　清除刀偏

N215 M05；　　　　　　　　　　　　主轴停

N220 M02；　　　　　　　　　　　　程序结束

② 加工 φ120 mm 的外圆及端面的程序如下：

%

O6062；　　　　　　　　　　　　　　程序名

N10 G92 X160 Z100；　　　　　　　　设置工件坐标系

N20 M03 S500；　　　　　　　　　　主轴正转，转速 500 r/min

N30 M06 T0101；　　　　　　　　　　45° 端面车刀

N40 G90 G00 X95 Z5；　　　　　　　　快速定位到直径 φ95 mm、距端面 5 mm 处

N50 G81 X130 Z0.5 F50；　　　　　　　粗加工端面

N60 G00 X96 Z-2；　　　　　　　　　快速定位到直径 φ96 mm、距端面 2 mm 处

N70 G01 X100 Z0 F50；　　　　　　　倒角 1×45°

N80 X130；　　　　　　　　　　　　精修端面

N90 G00 X160 Z100；　　　　　　　　刀尖快速定位到直径 φ160 mm、距端面 100 mm 处

N95 T0100；　　　　　　　　　　　　清除刀偏

78

N100 M06 T0202;	换加工外圆的正偏刀
N110 G00 X130 Z2;	刀尖快速定位到直径 ϕ130 mm 、距端面 2 mm 处
N120 G80 X120.5 Z-18.5 F100;	粗加工 ϕ120 mm 外圆，留径向余量 0.5 mm
N130 G00 X116 Z1	
N140 G01 X120 Z-1 F100;	倒角 1×45°
N150 Z-16.5;	粗加工 ϕ120 mm 外圆
N160 G02 X124 Z-18.5 R2;	加工 R2 mm 圆弧
N170 G01 X143;	精修轴肩面
N180 X147 Z20.5;	倒角 1×45°
N190 G00 X160 Z100;	刀尖快速定位到直径 ϕ160 mm 、距端面 100 mm 处
N200 T0200;	清除刀偏
N205 M05;	主轴停
N210 M02;	程序结束

3.5 数控车床加工综合实例

例 3-7 采用数控车床加工如图 3-15 所示的零件，毛坯直径为 ϕ45 mm ，长为 370 mm，材料为 Q235；未注倒角为 1×45°。

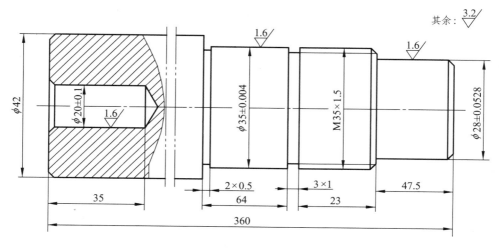

图 3-15 数控车床加工综合实例零件

（1）工艺分析。

① 确定工艺路线：粗加工 ϕ42 mm 的外圆（留余量：径向 0.5 mm，轴向 0.3 mm）→粗加工 ϕ35 mm 的外圆（留余量：径向 0.5 mm，轴向 0.3 mm）→粗加工 ϕ28 mm 的外圆（留余量：径向 0.5 mm，轴向 0.3 mm）→精加工 ϕ28 mm 的外圆→精加工螺纹的外圆（ ϕ34.85 mm ）→精加工 ϕ35 mm 的外圆→精加工 ϕ42 mm 的外圆→切槽→加工螺纹→切断。

② 调头加工：加工端面→精加工 $\phi20$ mm 的内孔。

③ 工件装夹：本题目尺寸精度要求较高，采用一夹一顶装夹工件，粗、精加工外圆及加工螺纹。调头用铜片垫夹 $\phi42$ mm 的外圆，百分表找正后，精加工 $\phi20$ mm 的内孔。

④ 刀具选择：第一次装夹所用刀具有外圆粗加工偏刀（T01）、刀宽为 2 mm 的切槽刀（T02）、外圆精加工偏刀（T03）；第二次装夹所用刀具有 45° 端面刀（T01）、内孔精车刀（T02）。

⑤ 工件坐标系：根据加工图纸，为方便编程时数据计算，两次装夹均选择零件的右端面中心位置作为工件坐标的原点位置。

（2）加工程序。

① 加工外圆及螺纹的程序如下：

```
%
O6071;                              程序名
N10 G92 X100 Z10;                   设置工件坐标系
N20 M03 S500;                       主轴正转，转速 500 r/min
N30 M06 T0101;                      换刀补号为 01 的 01 号刀（外圆粗加工偏刀）
N40 G00 Z5;                         快速定位到距端面 5 mm 处
N50 X47 Z2;                         快速定位到 $\phi47$ mm 的外圆、距端面 2 mm 处
N60 G80 X42.5 Z-364 F300;           粗车 $\phi42$ mm 的外圆，径向余量 0.5 mm，轴向余量 0.3 mm
N70 G80 X38 Z-134.2 F300;           粗加工 $\phi35$ mm 的外圆，径向余量 0.5 mm，轴向余量 0.3 mm
N80 G80 X35.5 Z-134.2 F300
N90 G80 X30 Z-47.2 F300;            粗加工 $\phi28$ mm 的外圆，径向余量 0.5 mm，轴向余量 0.3 mm
N100 G80 X28.5 Z47.2 F300
N110 G00 X100;                      X 方向快速定位到 $\phi100$ mm 处，Z 方向快速定位到距端面 10 mm 处，使刀尖回到程序原点，作为换刀位置
N120 Z10
N125 T0100;                         清除刀偏
N130 M06 T0303;                     换精车刀
N140 S800;                          调高主轴转速
N150 G00 Z1;                        快速定位到距端面 1 mm 处
N160 X24;                           再快速定位到 $\phi24$ mm 的外圆处
N170 G01 X28 Z-1 F100;              倒角 1×45°
N180 Z-47.5;                        精车 $\phi28$ mm 的外圆
N190 X32.85;                        精车轴肩
N200 X34.85 Z-48.5;                 倒角 1×45°
```

N210 Z-70.5；	精车 ϕ34.85 mm 的螺纹外圆
N220 X35；	定位到 ϕ35 mm 的外圆处
N230 Z-134.5；	精车 ϕ35 mm 的外圆
N240 X42；	定位到 ϕ42 mm 的外圆处
N230 Z-360.5；	精车 ϕ42 mm 的外圆
N240 G00 X100；	X 方向快速定位到 ϕ100 mm 处，Z 方向快速定位到距端面 10 mm 处，使刀尖回到程度原点，作为换刀位置
N250 Z10	
N255 T0300；	清除刀偏
N260 M06 T0202；	换宽 2 mm 的切槽刀
N270 S300；	将主轴调速为 300 r/min
N280 G00 X45 Z-134.5；	定位到 ϕ45 mm 的外圆、距端面 134.5 mm 处
N290 G01 X34 F50；	切 2 mm×0.5 mm 的槽
N300 X36；	提刀至 ϕ36 mm 的外圆处
N310 G00 Z-70.5；	快速定位到距端面 70.5 mm 的外圆处
N320 G01 X33；	切至 ϕ33 mm 的外圆处
N330 X36；	提刀至 ϕ36 mm 的外圆处
N340 Z-69.5；	向 Z 轴方向移动 1 mm（槽宽 3 mm）
N350 X33；	切至 ϕ33 mm 的外圆处
N360 X36；	提刀至 ϕ36 mm 的外圆处
N370 G00 X100	
N380 Z10	
N385 T0200；	清除刀偏
N390 M06 T0404；	换 60° 的螺纹刀
N400 S400；	将主轴调速为 400 r/min
N410 G00 X37 Z-45；	定位到 ϕ37 mm 的外圆、距端面 45 mm 处
N420 G76 R4 A60 X33.65 Z-72 I0 K0.8 F1.5；	加工 M35×1.5 的螺纹
N430 G00 X100	
N440 Z10	
N445 T0400；	清除刀偏
N450 M06 T0202；	换宽 2 mm 的切槽刀
N460 S300；	将主轴调速为 300 r/min
N470 G00 Z-363.5；	定位到距端面 363.5 mm 处
N480 X45；	定位到 ϕ45 mm 的外圆处
N490 G01 X5 F50；	切到 ϕ5 mm 的外圆处
N500 G00 X100	
N510 Z10	

N515 T0200;	清除刀偏
N518 M05;	主轴停
N520 M02;	程序结束

② 加工 ϕ20 mm 的内孔的程序如下：

%	
O6072;	程序名
N10 G92 X100 Z50;	设置工件坐标系
N20 M03 S600;	主轴正转，转速 600 r/min
N30 M06 T0101;	45° 的端面刀
N40 G90 G00 X20 Z2;	快速定位到 ϕ20 mm 的外圆、距端面 2 mm 处
N50 G01 X14 Z-1 F100;	倒角 1×45°
N60 Z0;	刀尖对齐端面
N80 G00 X100 Z50;	刀尖快速回到程序零点
N85 T0100;	取消刀偏
N90 M06 T0202;	换内孔精车刀
N100 G00 X24 Z1;	快速定位到 ϕ24 mm 的外圆、距端面 1 mm 处
N110 G01 X20 Z-1 F100;	倒角 1×45°
N120 Z-35;	精车 ϕ20 mm 的内孔
N130 X18;	X 轴退刀至 18 mm 处
N140 G00 F50;	Z 轴先快速退刀，X 轴再快速退刀，回到程序零点
N150 X100	
N160 T0200;	清除刀偏
N165 M05;	主轴停
N180 M02;	程序结束

习 题

1. 数控加工工艺分析主要包括哪些内容？
2. 数控车床对刀的目的是什么？对刀时应该注意什么？
3. 数控编程时，设置工件坐标系原点应该遵循什么原则？
4. 试分析数控车床 X 方向的手动对刀过程。
5. 简述刀尖圆弧半径补偿的作用。
6. 简述圆锥切削循环指令中 I 的指定方法。
7. 试写出普通粗牙螺纹 M48×2 复合螺纹切削循环指令。
8. 简述 G71、G72、G73 指令的应用场合有何不同。
9. 选择加工如图 3-16～图 3-18 所示的零件所需的刀具，编制数控加工程序。

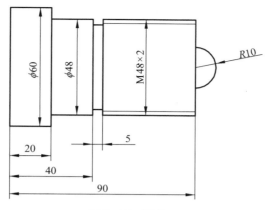

图 3-16　零件一

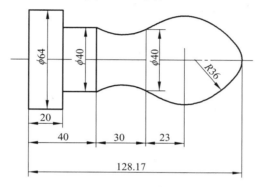

图 3-17　零件二

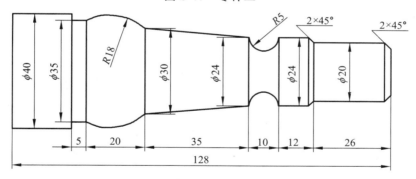

图 3-18　零件三

4 数控铣床加工程序设计典型实例

4.1 数控铣床坐标系统

4.1.1 西门子数控铣床概述

1. 数控铣床按主轴位置分类

数控铣床按主轴位置的不同可以分为：立式数控铣床、卧式数控铣床、立卧两用数控铣床。

（1）立式数控铣床（CNC Vertical Milling Machine），主体部分主要由底座、立柱、鞍座、工作台、主轴箱等部件组成，如图4-1所示。其中，主体的五大件均采用高强度优质铸件和树脂砂造型，组织稳定，确保整机有良好的刚性和精度。三轴导轨副均采用高频淬火及贴塑导轨组合，以保证机床的运行精度、降低摩擦阻力及损耗，三轴传动系统由精密滚珠丝杆及伺服系统电机构成，并配有自动润滑装置。

（2）卧式数控铣床，三轴均采用不锈钢制导轨伸缩罩，防护性能好，整机全闭式护罩，门窗更大，外观整齐美观，操作控制箱置于机床右前方，且可旋转，操作方便；可进行各种铣削、镗孔、刚性攻丝等加工，且性价比高，是机械制造行业高质、高精、高效的理想设备，如图4-2所示。

图 4-1　立式数控铣床 TJ-600

图 4-2　卧式数控铣床

与通用卧式铣床相同，其主轴轴线平行于水平面。为了扩大加工范围和扩充功能，卧式数控铣床通常采用增加数控转盘或万能数控转盘来实现4、5坐标的加工。这样，不但工件侧面上的连续回转轮廓可以加工出来，而且可以实现在一次安装中，通过转盘改变工位，进行"四面加工"。

（3）立卧两用数控铣床，目前，这类数控铣床已不多见，由于这类铣床的主轴方向可以更换，能达到在一台机床上既可以进行立式加工，又可以进行卧式加工，而同时具备上述两类机床的功能，其使用范围更广，功能更全，选择加工对象的余地更大，且给用户带来不少方便。特别是生产批量小，品种较多，又需要立、卧两种方式加工时，用户只需买一台这样的机床就足够了。立卧两用数控铣床如图4-3所示。

图 4-3　立卧两用数控铣床

2．数控铣床按构造分类

（1）工作台升降式数控铣床。这类数控铣床采用工作台移动、升降，而主轴不动的方式。小型数控铣床一般采用此种方式。

（2）主轴头升降式数控铣床。这类数控铣床采用工作台纵向和横向移动，且主轴沿垂向溜板上下运动；主轴头升降式数控铣床在精度保持、承载质量、系统构成等方面具有很多优点，已成为数控铣床的主流。

（3）龙门式数控铣床。这类数控铣床主轴可以在龙门架的横向与垂向溜板上运动，而龙门架沿床身做纵向运动。大型数控铣床，因要考虑到扩大行程、缩小占地面积及刚性等技术上的问题，往往采用龙门架移动式。龙门式数控铣床如图4-4所示。

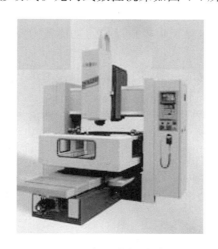

图 4-4　龙门式数控铣床

3．数控铣床的结构

数控铣床的机械结构，除铣床基础部件外，还由下列各部分组成：① 主传动系统；② 进给系统；③ 实现工件回转、定位的装置和附件；④ 实现某些部件动作和辅助功能的系统和装置，如液压、气动、润滑、冷却等系统和排屑、防护等装置。数控铣床的组成如图 4-5 所示。

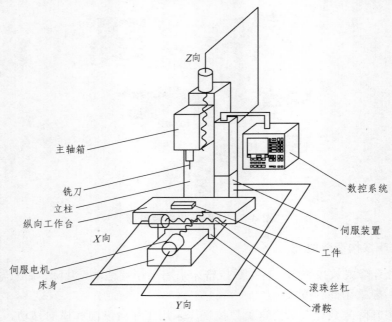

主轴箱

铣刀
立柱
纵向工作台
X向

伺服电机
床身

Y向

Z向

数控系统

伺服装置

工件

滚珠丝杠
滑鞍

图 4-5　数控铣床的组成

铣床基础件称为铣床大件，通常是指床身、底座、立柱、横梁、滑座、工作台等。它是整台铣床的基础和框架。铣床的其他零部件，或者固定在基础件上，或者工作时在它的导轨上运动。其他机械结构的组成则按铣床的功能需要选用。

4．数控铣床的工作方式

与加工中心相比，数控铣床除了缺少自动换刀功能及刀库外，其他方面均与加工中心类同。数控铣床也可以对工件进行钻、扩、铰、锪、镗孔加工与攻丝等，但它主要还是被用来对工件进行铣削加工，这里所说的主要加工对象及分类也是从铣削加工的角度来考虑的。

（1）平面类零件。

加工面平行、垂直于水平面或其加工面与水平面的夹角为定角的零件称为平面类零件，如图 4-6 所示。

目前，在数控铣床上加工的绝大多数零件属于平面类零件。平面类零件的特点是，各个加工单元面是平面，或可以展开成为平面。平面类零件是数控铣削加工对象中最简单的一类，一般只需用 3 坐标数控铣床的两坐标联动就可以把它们加工出来。

（2）变斜角类零件。

加工面与水平面的夹角呈连续变化的零件称为变斜角类零件，如图 4-7 所示。这类零件多数为飞机零件，如飞机上的整体梁、框、缘条与肋等，此外还有检验夹具与装配型架等。

变斜角类零件的变斜角加工面不能展开为平面，但在加工中，加工面与铣刀圆周接触的瞬间为一条直线。最好采用 4 坐标和 5 坐标数控铣床摆角加工，在没有上述机床时，也可用 3 坐标数控铣床进行 2.5 坐标近似加工。

图 4-6　平面类零件

图 4-7　变斜角类零件

（3）曲面类（立体类）零件。

加工面为空间曲面的零件称为曲面类零件，如图 4-8 所示。

图 4-8　曲面类零件

该类零件的特点：一是加工面不能展开为平面；二是加工面与铣刀始终为点接触。此类零件一般采用 3 坐标数控铣床。

4.1.2　数控铣床的坐标系

1. 数控铣床坐标系的确定

（1）Z 坐标轴：在机床坐标系中，规定传递切削动力的主轴为 Z 坐标轴。

（2）X 坐标轴：如果 Z 坐标是水平（卧式）的，当从主要刀具的主轴向工件看时，向右的方向为 X 的正方向；如果 Z 坐标是垂直（立式）的，当从主要刀具的主轴向立柱看时，X 的正方向指向右边。

（3）Y 坐标轴：Y 坐标轴根据 Z 和 X 坐标轴，按照右手直角笛卡儿坐标系确定。

2. 机床原点（机械原点）

机床原点一般设置在机床移动部件沿其坐标轴正向的极限位置。

3. 机床参考点

一般来说，机床参考点为机床的自动换刀位置。

4. 工作坐标系

工作坐标系是编程人员在编程和加工时使用的坐标系，设置时一般用 G92 或 G54 ~ G59 等指令。

编程人员以工件图样上某点为工作坐标系的原点，称为工作原点。工作原点一般设在工件的设计工艺基准处，便于尺寸计算。

4.2 西门子系统数控铣床的常用指令

4.2.1 准备功能 G 代码

准备功能 G 代码用地址和后面的数字来表示，主要用来建立数控铣床的工作方式。系统常用的准备功能 G 代码如表 4-1 所示。

表 4-1　准备功能 G 代码

G 代码	组	M/N	功　能	格式及说明
G0	1	M	快速移动定位	直角坐标系下：G0 X… Y… Z… 或极坐标系下：G0 AP= RP= 或柱面坐标系下：G0 AP= RP= Z… 说明：AP 为角度；RP 为半径
G1	1	M	带 F 的直线插补	G01 … F；其他同 G0
G2 /G3	1	M	顺/逆圆弧插补	圆心和终点：G2/G3 X… Y… I… J… F… 半径和终点：G2/G3 CR= X… Y… F… 张角和圆心：G2/G3 AR= I… J… F… 张角和终点：G2/G3 AR= X… Y… F… 极坐标和极点圆弧：G2/G3 AP= RP= F…
G04	2	N	暂停	G04 F…或 G04 S… 说明：F 为暂停时间；S 为暂停转数
G2/G3， TURN	1	M	螺旋插补	G2/G3 X… Y… Z… I… J… TURN… 其他格式同 G2/G3。 说明：TURN 为编程整圆循环的个数，如 TURN=3 为从起点到终点共有 3 个整圆
G09	11	N	准确停止	G09 IP…；刀具在程序段的终点减速，执行到位检查，然后执行下一个程序段
G110	3	N	极点尺寸	G110 X… Y… 或 G110 AP= RP= 极点尺寸，相对于上一次的编程位置

G 代码	组	M/N	功　能	格式及说明
G111	3	N	极点尺寸	G111 X… Y…或 G111　AP=　RP= 极点尺寸，相对于工件坐标系的零点
G112	3	N	极点尺寸	G112 X… Y…或 G112　AP=　RP= 极点尺寸，相对于上一次有效的极点
*G17	6	M	*XY* 平面选择	G17
G18	6	M	*ZX* 平面选择	G18
G19	6	M	*YZ* 平面选择	G19
G33	1	M	恒螺距螺纹切削	G33 IP… K… SF= 说明：K 为长轴方向导程；SF 为螺纹起始角
*G40	07	M	刀具半径补偿取消	G17（G18/G19）G40 G00/G01　α　β
G41	07	M	刀具半径左补偿	G17（G18/G19）G41 G00/G01　α　β
G42	07	M	刀具半径右补偿	G17（G18/G19）G42 G00/G01　α　β
*G500	8	N	取消可设定零点偏置	G500
G53	9	N	取消可设定零点偏置	G53；非模态
G54-G59	8	M	可设定零点偏置 1~6	G54（G55~G59）
G60	10	M	准确定位	G60 IP… IP…为终点坐标。为消除机床反向间隙的影响进行精确定位。过冲量和定位方向由参数 NO.5440 设定
G64	10	M	连续路径方式	G64；刀具在程序段的终点不减速，而执行下一个程序段
G70	13	M	英寸输入	G70
*G71	13	M	毫米输入	G71
G700	13		英寸输入	G700；也用于进给率 F
G710	13		毫米输入	G710；也用于进给率 F
G74	2	N	返回参考点	G74 X1=0　Y1=0　Z1=0 （机床轴名称）
G75	2	N	回固定点	G75 X1=0　Y1=0　Z1=0 （机床轴名称）
*G90	14	M	绝对值编程	G90
G91	14	M	增量值编程	G91
G94	15	M	分进给	G94 F…
*G95	15	M	转进给	G95 F…
SCALE	3		可编程比例缩放	SCALE　X… Y… Z…清除所有有关偏移、旋转、比例系数、镜像的指令
ASCALE	3		可编程比例缩放	ASCALE　X… Y… Z…附加于当前的指令

G 代码	组	M/N	功　能	格式及说明
TRANS	3		可编程偏置	TRANS　X… Y… Z…清除所有有关偏移、旋转、比例系数、镜像的指令
ATRANS	3		可编程偏置	ATRANS　X… Y… Z…附加于当前的指令
MIRROR	3		可编程镜像	MIRROR X0（Y0、Z0） 说明：用 X、Y、Z 指定镜像的对称轴；清除所有有关偏移、旋转、比例系数、镜像的指令
AMIRROR	3		可编程镜像	AMIRROR X0（Y0、Z0）附加于当前的指令
ROT	3		可编程坐标旋转	ROT　RPL= RPL：最小输入旋转角度。 清除所有有关偏移、旋转、比例系数、镜像的指令
AROT	3		可编程坐标旋转	AROT　RPL=　　附加于当前的指令
MCALL			模态子程序调用	MCALL　CYCLE82～88

　　G 代码按其功能不同分为若干组。G 代码有两种模态：模态式和非模态式。标注 M 的 G 代码属于模态式，具有延续性，只要同组其他 G 代码未出现之前一直有效。标注 N 的 G 代码属于非模态式，只限定在被指定的程序段有效。

4.2.2　辅助功能 M 代码

　　辅助功能 M 代码由地址和两位数字表示。它主要用于机床加工操作时的工艺性指令，如主轴启停、切削液开关等。不同厂家的数控铣床的 M 代码功能可能不同。在一个程序段中最多可以有 5 个 M 功能。表 4-2 是 SIEMENS 810D 系统的 M 指令。

表 4-2　辅助功能 M 代码

M 指令	功　能	M 指令	功　能
M0	程序停止	M30	程序结束（同 M2）
M1	选择停止	M40	自动齿轮变换
M2	程序结束（主程序）	M41	齿轮 1 级
M3	主轴正转（顺时针）	M42	齿轮 2 级
M4	主轴反转（逆时针）	M43	齿轮 3 级
M5	主轴停止	M44	齿轮 4 级
M6	换刀	M45	齿轮 5 级
M7	切削液开	M60	净水箱电机开
M9	切削液关	M61	净水箱电机关
M17	子程序结束	M63	排屑正转

M 指令	功　能	M 指令	功　能
M64	排屑停止	M90	刀具松开
M65	排屑反转	M91	刀具夹紧
M66	主轴定位检测，换刀子程序专用	M92	吹气
M70	变换轴方式	M95	停止吹气
M80	取消 Z 轴正向第二软件极限，Z 轴可上升至换刀区	M96	刀库向前
M81	恢复 Z 轴正向第二软件极限，Z 轴可脱离换刀区	M97	刀库向后
M83	读变量，换刀子程序专用	M98	4 轴夹紧
M084	读变量，换刀子程序专用	M99	4 轴松开
M85	刀号错误报警，换刀子程序专用		

4.2.3　F、S、T、D 代码

（1）进给功能代码 F：表示进给速度，用字母 F 和其后面的若干位数字来表示，单位为 mm/min（米制）或 in/min（英制）。

（2）主轴功能代码 S：表示主轴转速，用字母 S 和其后面的若干位数字来表示，单位为 r/min。

（3）刀具功能代码 T：表示选刀功能。刀具用字母 T 和其后面的两位数字表示，如 T5 表示第五号刀具。

（4）刀具补偿功能代码 D：一个刀具可以匹配 1～9 几个不同补偿的数据组（用于多个切削刃）。用 D 及其相应的序号可以编程一个专门的切削刃。如果没有编写 D 指令，则 D1 自动生效。如果编程 D0，则刀具补偿值无效。系统中最多可以同时存储 64 个刀具补偿数据组。

4.2.4　固定循环指令

循环是指用于特定加工过程的工艺子程序，如用于攻丝或凹槽铣削等。循环在用于各种具体加工过程时只要改变参数就可以。循环包括钻孔循环、钻孔样式循环和铣削循环。

钻孔循环包括：

① CYCLE81 钻孔、中心钻孔；

② CYCLE82 中心钻孔；

③ CYCLE83 深度钻孔；

④ CYCLE84 刚性攻丝；

⑤ CYCLE840 带补偿卡盘攻丝；

⑥ CYCLE85 铰孔 1（镗孔 1）；

⑦ CYCLE86 镗孔（镗孔 2）；

⑧ CYCLE87 铰孔 2（镗孔 3）；

⑨ CYCLE88 镗孔时可以停止 1（镗孔 4）；

⑩ CYCLE89 镗孔时可以停止 2（镗孔 5）。

在 SINUMERIK 840D 中，镗孔循环 CYCLE85～CYCLE89 称为镗孔 1～镗孔 5，但它们的功能与 SINUMERIK 802D 完全相同。

钻孔样式循环包括：

① HOLES1 加工一排孔；

② HOLES2 加工一圈孔。

铣削循环包括：

① CYCLE71 端面铣削；

② CYCLE72 轮廓铣削；

③ CYCLE76 矩形过渡铣削；

④ CYCLE77 圆弧过渡铣削；

⑤ LONGHOLE 槽；

⑥ SLOT1 圆上切槽；

⑦ SLOT2 圆周切槽；

⑧ POCKET3 矩形凹槽；

⑨ POCKET4 圆形凹槽；

⑩ CYCLE90 螺纹铣削。

这些循环由工具盒提供。当控制系统启动时，循环程序通过 RS232 接口载入零件程序存储器中。

辅助循环子程序的循环包中包含以下辅助子程序：

① cyclesm.spf

② steigung.spf and

③ meldung.spf

这些子程序必须始终载入系统中。

循环调用前，必须定义加工平面（G17、G18、G19），如图 4-9 所示。在当前平面中，循环使用以下轴运行：

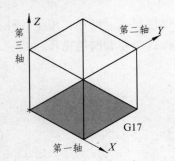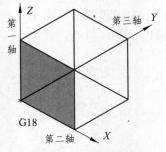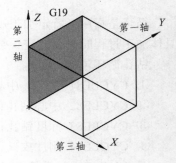

图 4-9 轴和坐标平面

① 平面的第一轴（横坐标）；

② 平面的第二轴（纵坐标）；

③ 钻孔轴/进给轴，垂直于平面的第三轴（Applicate）。

对于钻孔循环，钻孔操作由垂直于当前平面的坐标轴来完成。铣削时，深度进给也由该轴完成。表 4-3 为平面和轴分布。

表 4-3　平面和轴分布

命　令	平　面	垂直进给轴
G17	X/Y	Z
G18	Z/X	Y
G19	Y/Z	X

下面只介绍部分循环指令，详细指令说明可参照《西门子 802D 铣床编程手册》。

1. 中心钻孔指令（CYCLE82）

CYCLE82（RTP，RFP，SDIS，DP，DPR，DTB）各参数意义如表 4-4 所示。

表 4-4　CYCLE82 指令参数意义

指令	数据类型	意　义
RTP	Real	后退平面（绝对）
RFP	Real	参考平面（绝对）
SDIS	Real	安全间隙（无符号输入）
DP	Real	最后钻孔深度（绝对）
DPR	Real	相当于参考平面的最后钻孔深度（无符号输入）
DTB	Real	最后钻孔深度时的停顿时间（断屑）

图 4-10 为 CYCLE82 指令参数说明示意图。

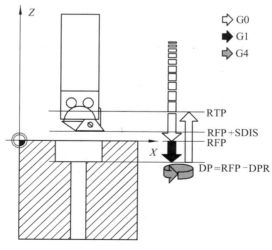

图 4-10　CYCLE82 指令参数说明示意图

2. CYCLE83 深孔钻削

CYCLE83（RTP，RFP，SDIS，DP，DPR，FDEP，FDPR，DAM，DTB，DTS，FRF，VARI）各参数意义如表 4-5 所示。

表 4-5 CYCLE83 指令参数意义

指令	数据类型	意 义
RTP	Real	返回平面（绝对值）
RFP	Real	参考平面（绝对值）
SDIS	Real	安全间隙（无符号输入）
DP	Real	最后钻孔深度（绝对值）
DPR	Real	相对于参考平面的最后钻孔深度（无符号输入）
FDEP	Real	起始钻孔深度（绝对值）
FDPR	Real	相对于参考平面的起始钻孔深度（无符号输入）
DAM	Real	递减量（无符号输入）
DTB	Real	最后钻孔深度时的停留时间（断屑）
DTS	Real	起始点处和用于排屑的停顿时间
FRF	Real	起始钻孔深度的进给率系数（无符号输入）；范围：0.001～1
VARI	Int	加工类型：断屑=0、排屑=1

3. 刚性攻螺纹 CYCLE84

CYCLE84（RTP，RFP，SDIS，DP，DPR，DTB，SDAC，MPIT，PIT，POSS，SST，SST1）各参数意义如表 4-6 所示。

表 4-6 CYCLE84 指令参数意义

指令	数据类型	意 义
RTP	Real	返回平面（绝对坐标）
RFP	Real	参考平面（绝对坐标）
SDIS	Real	安全高度（无符号输入）
DP	Real	最后钻孔深度（绝对坐标）
DPR	Real	相对参考平面的最后钻孔深度（无符号输入）
DTB	Real	停顿时间（断屑）
SDAC	Int	循环结束后的旋转方向；值：3、4 或 5（用于 M03、M04 和 M05）
MPIT	Real	螺距由螺纹尺寸决定（有符号）；范围：3（用于 M3）～48（用于 M48）；符号决定了在螺纹中的旋转方向
PIT	Real	螺纹由螺距决定（有符号）；范围：0.001～2 000.000 mm；符号决定了在螺纹中的旋转方向
POSS	Real	循环中主轴定位停止角度
SST	Real	攻螺纹进给速度
SST1	Real	退回速度

4. 铰孔 CYCLE85

CYCLE85（RTP，RFP，SDIS，DP，DPR，DTB，FFR，RFF）各参数意义如表4-7所示。

表 4-7 CYCLE85 指令参数意义

指令	数据类型	意　义
RTP	Real	返回平面（绝对坐标）
RFP	Real	参考平面（绝对坐标）
SDIS	Real	安全高度（无符号输入）
DP	Real	最后铰孔深度（绝对坐标）
DPR	Real	相对参考平面的最后铰孔深度（无符号输入）
DTB	Real	最后铰孔深度时停顿时间（断屑）
FFR	Real	铰孔进给率
RFF	Real	退回进给率

5. 镗孔 CYCLE86

CYCLE86（RTP，RFP，SDIS，DP，DRP，DTB，SDIR，RPA，RPO，RPAP、POSS）各参数意义如表4-8所示。

表 4-8 CYCLE86 指令参数意义

指令	数据类型	意　义
RTP	Real	返回平面（绝对坐标）
RFP	Real	参考平面（绝对坐标）
SDIS	Real	安全高度（无符号输入）
DP	Real	最后镗孔深度（绝对坐标）
DRP	Real	相对参考平面的最后镗孔深度（无符号输入）
DTB	Real	到最后镗孔深度时的停顿时间（断屑）
SDIR	Int	旋转方向值：3（用于M03）、4（用于M04）
RPA	Real	平面中第一轴上的返回路径（增量，带符号输入）
RPO	Real	平面中第二轴上的返回路径（增量，带符号输入）
RPAP	Real	镗孔轴上的返回路径（增量，带符号输入）
POSS	Real	循环中主轴定位停止角度

6. 带停止镗孔 CYCLE88

CYCLE88（RTP，RFP，SDIS，DP，DPR，DTB，SDIR）各参数意义如表4-9所示。

表 4-9　CYCLE88 指令参数意义

指令	数据类型	意　义
RTP	Real	返回平面（绝对坐标）
RFP	Real	参考平面（绝对坐标）
SDIS	Real	安全高度（无符号输入）
DP	Real	最后镗孔深度（绝对坐标）
DRP	Real	相对参考平面的最后镗孔深度（无符号输入）
DTB	Real	最后镗孔深度时的停顿时间（断屑）
SDIR	Int	旋转方向值：3（用于 M3）、4（用于 M4）

7. 钻孔样式循环

钻孔样式循环介绍了所钻的孔在平面中的几何分布。在钻孔循环编程之前，通过模式调用此钻孔循环可以建立一个钻孔过程，如表 4-10 和表 4-11 所示。

表 4-10　排孔 HOLES1 指令参数意义

指令	数据类型	意　义
SPCA	Real	直线（绝对值）上一参考点的平面的第一坐标轴（横坐标）
SPCO	Real	此参考点（绝对值）平面的第二坐标轴（纵坐标）
STA1	Real	与平面第一坐标轴的角度：−180°～180°
FDIS	Real	第一个孔到参考点的距离（无符号输入）
DBH	Real	孔间距（无符号输入）
NUM	Int	孔的数量

表 4-11　圆周孔 HOLES2 指令参数意义

指令	数据类型	意　义
PCA	Real	圆周孔的中心点（绝对值），平面的第一坐标轴
PCO	Real	圆周孔的中心点（绝对值），平面的第二坐标轴
RAD	Real	圆周孔的半径
STA1	Real	与平面第一坐标轴的角度：−180°～180°
INDA	Real	增量角
NUM	Int	孔的数量

8. 铣槽模式

铣槽模式各参数说明如表 4-12 和表 4-13 所示。

表 4-12　铣模式圆弧槽 SLOT1 指令参数的意义

指令	数据类型	意　义
RTP	Real	返回平面（绝对值）
RFP	Real	参考平面（绝对值）
SDIS	Real	安全间隙（无符号输入）
DP	Real	槽深（绝对值）
DPR	Real	相当于参考平面的槽深（无符号输入）
NUM	Integer	槽的数量
LENG	Real	槽长（无符号输入）
WID	Real	槽宽（无符号输入）
CPA	Real	圆弧中心点（绝对值），平面第一轴
CPO	Real	圆弧中心点（绝对值），平面第二轴
RAD	Real	圆弧半径（无符号输入）
STA1	Real	起始角
INDA	Real	增量角
FFD	Real	深度加工进给率
FFP1	Real	端面加工进给率
MID	Real	一次进给最大深度（无符号输入）
CDIR	Integer	加工槽的铣削方向；值：2（用于 G2）、3（用于 G3）
FAL	Real	槽边缘的精加工余量（无符号输入）
VAR1	Integer	加工类型；值：0=完整加工、1=粗加工、2=精加工
MIDF	Real	精加工时的最大进给深度
FFP2	Real	精加工进给率
SSF	Real	精加工速度

表 4-13　铣模式圆周槽 SLOT2 指令参数意义

指令	数据类型	意　义
RTP	Real	返回平面（绝对值）
RFP	Real	参考平面（绝对值）
SDIS	Real	安全间隙（无符号输入）

指令	数据类型	意　义
DP	Real	槽深（绝对值）
DPR	Real	相当于参考平面的槽深（无符号输入）
NUM	Integer	槽的数量
AFSL	Real	槽长的角度（无符号输入）
WID	Real	圆周槽宽（无符号输入）
CPA	Real	圆弧中心点（绝对值），平面第一轴
CPO	Real	圆弧中心点（绝对值），平面第二轴
RAD	Real	圆弧半径（无符号输入）
STA1	Real	起始角
INDA	Real	增量角
FFD	Real	深度加工进给率
FFP1	Real	端面加工进给率
MID	Real	最大进给最大深度（无符号输入）
CDIR	Integer	加工圆周槽的铣削方向；值：2（用于 G2）、3（用于 G3）
FAL	Real	槽边缘的精加工余量（无符号输入）
VAR1	Integer	加工类型；值：0=完整加工、1=粗加工、2=精加工
MIDF	Real	精加工时的最大进给深度
FFP2	Real	精加工进给率
SSF	Real	精加工速度

4.2.5　子程序编程

1. 使用子程序的注意事项

（1）何为子程序。子程序和主程序之间基本上没有什么不同，只是子程序包含需要执行几次的加工过程和操作顺序。

（2）子程序命名同主程序（.MPF）命名，给子程序命名是为了与其他子程序进行区别，以便选择和调用，扩展名为.SPF。命名规则如下：

① 第一个字符必须为字母；

② 其他字符可以是字母、数字或下划线；

③ 最多可以用 31 个字符；

④ 不能用分隔符。

（3）使用子程序。经常重复出现的加工程序，在子程序中只需编写一次，包括经常出现的轮廓形状和加工循环。子程序可以在任意主程序中调用和执行。

（4）子程序结构。子程序的结构与主程序相同，子程序以 M17 结尾，即返回到主程序相应位置去执行。

（5）子程序嵌套。子程序不仅可以被主程序调用，而且可以被子程序调用，嵌套深度可以为 8 层。

（6）子程序调用：子程序名　P…（循环次数，最大为 9 999）。

（7）M2：程序结束；M2/RET/M17：子程序结束。

2. 子程序调用过程

子程序调用过程如图 4-11 所示。

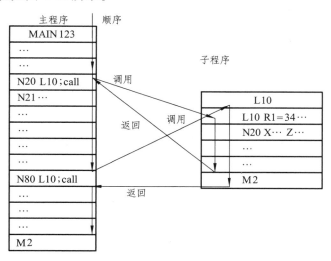

图 4-11　子程序调用过程

说明：在子程序中可以改变模态有效的 G 功能，如 G90 ~ G91 的变换。在返回调用程序时请注意检查一下所有模态有效的功能指令，并按照要求进行调整。

同样，对于 R 参数也需注意，不要无意识地用上级程序界面中所使用的计算参数来修改下级程序界面的计算参数。

西门子数控机床循环要求最多 4 级程序。

3. 调用加工循环

循环是指用于特定加工过程的工艺子程序，如用于钻削、坯料切削或螺纹切削等。循环在用于各种具体加工过程时只要改变参数就可以。

程序举例如下：

N10 CYCLE83（110，90，…）；　　　　　　　　调用循环 83，单独程序段
　:

N40 RTP=100 RFP=95.5；   设置循环 82 的传送参数
N50 CYCLE82（RTP，RFP，…）；   调用循环 82，单独程序段

4.2.6　轨迹编辑类指令

1. 镜　像

MIRROR X0 Y0 Z0；   可编程的镜像功能，清除所有有关偏移、旋转、比例系数、镜像的指令

AMIRROR X0 Y0 Z0；   可编程的镜像功能，附加于当前的指令

MIRROR；   不带数值，清除所有有关偏移、旋转、比例系数、镜像的指令

MIRROR/AMIRROR 指令要求为一个独立的程序段。坐标轴的数值没有影响，但必须要定义一个数值。镜像加工如图 4-12 所示。

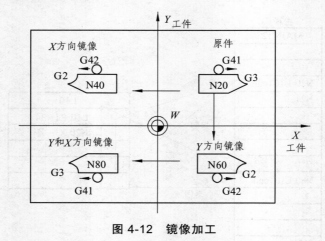

图 4-12　镜像加工

程序举例如下：

G17

L10

MIRROR X0；（左）

L10

MIRROR Y0；（下）

L10

AMIRROR X0；（左下）

L10

MIRROR；（取消镜像）

…

2. 图形旋转

ROT　RPL=…；   可编程旋转，删除以前的偏移、旋转、比例系数和镜像指令

| AROT   RPL=…; | 可编程旋转，附加于当前的指令 |
| ROT; | 不带数值，删除以前的偏移、旋转、比例系数和镜像指令 |

ROT/AROT 指令要求为一个独立的程序段。旋转加工如图 4-13 所示。

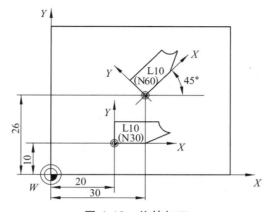

图 4-13　旋转加工

程序举例如下：

```
G17
TRANS X20 Y10
N30 L10
TRANS X30 Y26
AROT RPL=45
N60 L10
TRANS;（取消偏置）
…
```

3. 可编程偏移

TRANS X… Y… Z…;	可编程偏移，清除所有有关偏移、旋转、比例系数和镜像指令
ATRANS X… Y… Z…;	可编程的偏移，附加于当前的指令
TRANS;	不带数值，清除所有有关偏移、旋转、比例系数和镜像

TRANS/ATRANS 指令要求为一个独立的程序段。

4. 图形缩放

SCALE X… Y… Z…;	可编程的比例系数，清除所有有关偏移、旋转、比例系数和镜像指令
ASCALE X… Y… Z…;	可编程的比例系数，附加于当前的指令
SCALE;	不带数值，清除所有有关偏移、旋转、比例系数和镜像

SCALE/ASCALE 指令要求为一个独立的程序段。

图形为圆时，两个轴的比例系数必须一致。

如果在有效时编程 ATRANS，则偏移量也同样被比例缩放。缩放加工如图 4-14 所示。

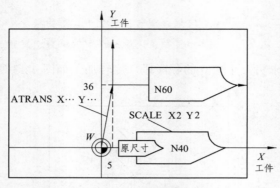

图 4-14　缩放加工

程序举例如下：

G17	
L10；	原尺寸
N30 SCALE X2 Y2；	*XY* 各 2 倍
N40 L10	
TRANS X2.5 Y18；	值也按比例
N60 L10；	轮廓放大和偏置
SCALE；	取消比例缩放
…	

4.2.7　坐标偏置类指令

（1）G500：取消可设定零点偏置（模态指令）；

（2）G53：取消可设定零点偏置（按程序段方式）；

（3）G54～G59：6个可设定零点偏置。

程序举例如下：

G54	
L47；	加工工件 1
G55	
L47；	加工工件 2
G56	
L47；	加工工件 3
G57	
L47；	加工工件 4
G500 G0 X…；	取消零点设置

4.2.8　程序跳转

标记符或程序段号用于标记程序中所跳转的目标程序段，用跳转功能可以实现程序运行分支。

标记符可以自由选取，但必须由 2~8 个字母或数字组成，其中开始两个符号必须是字母或下划线。

跳转目标程序段中标记符后面必须为冒号。标记符位于程序段段首。如果程序段有段号，则标记符紧跟着段号。

在一个程序段中，标记符不能含有其他意义。

程序跳转有两种方式：一种是无条件跳转，另一种是有条件跳转，常用的是有条件跳转。编程格式如下。

1. 无条件跳转

GOTOF　Label；　　　　　　　　　　　无条件向前跳转到标签处执行程序

GOTOB　Label；　　　　　　　　　　　无条件向后跳转到标签处执行程序

2. 有条件跳转

指令格式如下：

IF 条件 GOTOF Label；　　　　　　　如果程序运行到满足跳转条件，则向下跳转到标签处执行程序

IF 条件 GOTOB Label；　　　　　　　如果程序运行到满足跳转条件，则向上跳转到标签处执行程序

注意： 程序跳转必须为一个独立的程序段；一个程序段中可以有多个程序跳转。

4.3　数控铣床加工综合实例

802D 数控系统基本操作过程如下：

（1）回零。

（2）MDA 方式。

（3）以 SIEMENS 802D 系统为例说明测量工件——手动测量。测量工件 X（Y、Z）→存储在 G54→设置位置 X0（Y0、Z0）→计算。

（4）新刀具 T1 设置。

（5）自动加工。自动加工和 MDA 执行前复位。

（6）程序编辑。

4.3.1　刀具补偿、插补类指令编程练习

例 4-1　如图 4-15 所示，起刀点在工件上方 50 mm 处（起始高度），切深为 10 mm，完成零件的外形铣削。

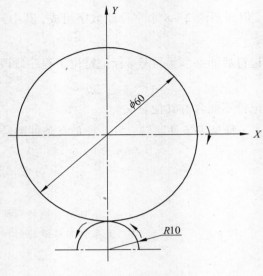

图 4-15　加工零件

程序如下：

LX.MPF

T1 D1;	φ16 mm 的立铣刀
G90 G54 G00 X0 Y-40.0 S500 M03	
Z50.0	
Z10.0	
G01 Z-10.0 F50	
G41 X10.0;	加刀补
G03 X0 Y-30.0 CR=10.0;	圆弧切入
G02 X0 Y-30.0 I0 J30.0	
G03 X-10.0 Y-40.0 CR=10.0;	圆弧切出
G01 G40 X0;	去刀补
G00 Z50.0	
M05	
M30	

例 4-2　完成图 4-16 所示的零件孔的加工。

（1）工艺分析：此例可采用 3 种方法完成孔的加工。由于孔精度要求不高，故可采用 φ8 mm 的钻头一次钻至尺寸。

（2）加工用刀具：钻孔（T1），φ8 mm 的钻头。

（3）加工方法和程序编制如下：

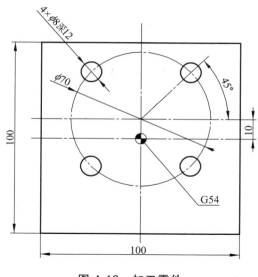

图 4-16　加工零件

方法一：孔位按坐标点给出。

LX2.MPF；

T1 D1；　　　　　　　　　　　　　　　　$\phi 8$ mm 的钻头

G90 G54 G0 X0 Y10. M3 S600

Z50.

G1 Z10. F100

MCALL CYCLE82（10.，0，5.，-12.，，0.1）；　模态调用中心钻孔循环

X24.749 Y34.749

X-24.749

Y-14.749

X24.749

MCALL；　　　　　　　　　　　　　　　取消模态调用

G0 Z50.

M5

G74 Z1=0

M30

方法二：使用圆周孔模式 HOLES2。

LX2.MPF

T1 D1；　　　　　　　　　　　　　　　　$\phi 8$ mm 的钻头

```
G90 G54 G0 X0 Y10. M3 S600
Z50.
G1 Z10. F100
MCALL CYCLE82（10.，0，5.，－12.，，0.1）；    模态调用中心钻孔循环
HOLES2（0，10.，35.，45.，90.，4）；          圆周孔模式
MCALL；                                      取消模态调用
G0 Z50.
M5
G74 Z1=0
M30
```

方法三：使用坐标平移、坐标旋转、极坐标确定孔位完成加工。

```
LX2.MPF
T1 D1；                                      φ8 mm 的钻头
G90 G54 G0 X0 Y0 M3 S600
Z50.
G1 Z10. F100
TRANS X0 Y10.；                              坐标平移至 X0，Y10
AROT RPL=45.；                               附加旋转 45°
MCALL CYCLE82（10.，0，5.，－12.，，0.1）；   模态调用中心钻孔循环
G111 X0 Y0；                                 极点在 X0，Y0
AP=0 RP=35.；                                极角为 0，极径为 35 mm
AP=90.
AP=180.
AP=270.
MCALL；                                      取消模态调用
ROT
G0 Z50.
M5
G74 Z1=0
M30
```

4.3.2 固定循环指令编程练习

例 4-3 钻孔、沉孔加工（CYCLE82 指令），如图 4-17 所示。

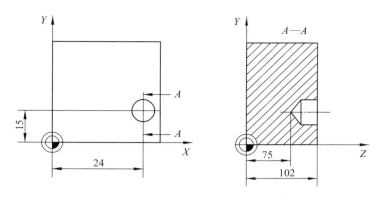

图 4-17 加工零件

程序如下：

LX3.MPF

N10 G0 G17 G90 F200 T2 D1 S300 M3

N20 Z110

N30 X24 Y15；　　　　　　　　　　　　　　移到钻孔位

N40 CYCLE82（110，102，4，75，，2）；　　　调用循环

N50 M2

例 4-4　深孔钻削（CYCLE83 指令），如图 4-18 所示。

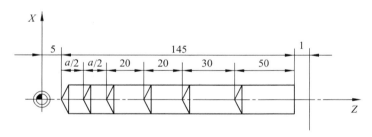

图 4-18 加工零件

程序如下：

LX4.MPF

N10 G0 G18 G90 F50 T4 S500 M3

N20 Z155；　　　　　　　　　　　　　　　移到钻孔位

N30 X70

N40 LCYC83（155，150，1，5，，100，，20，0，0，0.8，0）

或 N40 LCYC83（155，150，1，，145，，50，20，0，0，0.8，0）

N60 M2

例 4-5　不带补偿夹具螺纹切削（CYCLE84 指令），如图 4-19 所示。

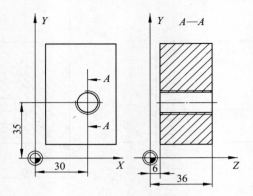

图 4-19 加工零件

程序如下：

LX5.MPF

N10 G0 G17 G90 T1 D1

N20 X35 Y35 Z40；　　　　　　　　　　　　　　移到钻孔位

N30 CYCLE84（40，36，2，，30，，3，，0.5，90，200，500）；　　调用循环，0.5 表示主轴正转，0.5 表示螺距，3 表示循环结束后主轴正转

N50 M2

例 4-6　铰（镗）孔（CYCLE85 指令），如图 4-20 所示。

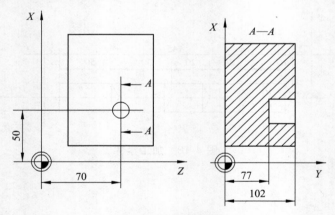

图 4-20　加工零件

程序如下：

LX6.MPF

N10 G0 G18 G90 F1000 T1 D1 S500 M3

N20 Z70 X50 Y105；　　　　　　　　　　　　　　移到钻孔位

N30 CYCLE85（105，102，2，，25，，200，400）；　　调用循环

N50 M2

例 4-7　铣槽，如图 4-21 所示。

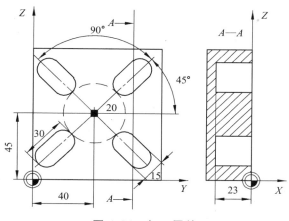

图 4-21　加工零件

加工 4 个槽，这些槽具有以下尺寸：长 30 mm、宽 15 mm 和深 23 mm。安全间隙为 1 mm，精加工余量为 0.5 mm，铣削方向为 G2，最大进给深度为 6 mm。即将完整加工这些槽并在进行精加工时，进给至槽深并使用相同的进给率和速度。

程序如下：

N10 G17 G90 T1 D1 S600 M3；　　　　　技术值的定义

N20 G0 X20 Y50 Z5；　　　　　　　　　回到起始位置

N30 SLOT1（5, 0, 1, −23,, 4, 30,

15, 40, 45, 20, 45, 90, 100,

320, 6, 2, 0.5, 0,, 0,）；　　　　循环调用，参数 VARI、MIDF、FFP2 和 SSF 省略

N60 M30；　　　　　　　　　　　　　程序结束

例 4-8　加工圆周槽，如图 4-22 所示。

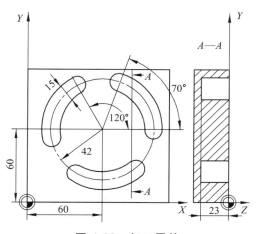

图 4-22　加工零件

加工分布在圆周上的 3 个圆周槽，该圆周在 XY 平面中的中心点为（60, 60），半径为 42 mm。圆周槽具有以下尺寸：宽为 15 mm，槽长角度为 70°，深为 23 mm。起始角为 0°，

增量角为 120°。精加工余量为 0.5 mm，进给轴 Z 的安全间隙为 2 mm，最大深度进给为 6 mm，完整加工这些槽。精加工时的速度和进给率相同，执行精加工时进给至槽深。

程序如下：

N10 G17 G90 T1 D1 S600 M3;　　　　　　技术值的定义

N20 G0 X60 Y60 Z5;　　　　　　　　　　回到起始位置

N30 SLOT2（2，0，2，-23，，3，70，

15，60，65，42，，120，100，

300，6，2，0.5，0，，0，）;　　　　循环调用参考平面 + SDIS = 返回平面含义：

　　　　　　　　　　　　　　　　　　　使用 G0 使进给轴回到参考平面 + SDIS 不再适

　　　　　　　　　　　　　　　　　　　用，参数 VARI、MIDF、FFP2 和 SSF 省略

N60 M30;　　　　　　　　　　　　　　程序结束

4.3.3　跳转编程实例

例 4-9　已知：$R_1 = 30$、$R_2 = 32$、$R_3 = 10$、$R_4 = 11$、$R_5 = 50$、$R_6 = 20$，加工如图 4-23 所示的零件。

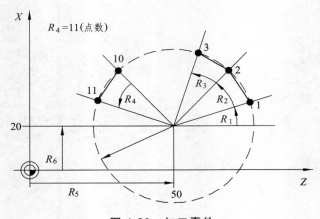

图 4-23　加工零件

程序如下：

LX8.MPF

N10 R1=30 R2=32 R3=10 R4=11 R5=50 R6=20;　　　　赋初值

N20 MA1: G0 Z=R2*cos(R1) + R5 X= R2*sin(R1) + R6;　　坐标轴地址的计算及赋值

N30 R1=R1 + R3 R4=R4-1

N40 IF R4>0 GOTOB MA1

N50 M2

说明：在程序段 N10 中给相应的计算参数赋值。在 N20 中进行坐标轴 X 和 Z 的数值计算并进行赋值。在程序段 N30 中 R_1 增加 R_3 角度；R_4 减小数值 1。如果 $R_4 > 0$，则重新执行 N20，否则运行 N50。

4.3.4 综合编程实例

例 4-10 铣削圆孔,如图 4-24 所示。

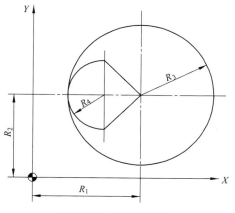

图 4-24 铣削圆孔

参数设定如下:

圆心 X 轴坐标值:R_1;

圆心 Y 轴坐标值:R_2;

圆孔半径:R_3;

接近圆弧半径:R_4;

起始平面:R_5;

安全平面:R_6;

圆孔深:R_7;

子程序如下:

```
L100.SPF

G0 X=R1 Y=R2

Z=R5

Z=R6

G1 Z=R7 F100

R10=R3-R4

R11=R1-R10

R12=R2 + R4

G41 X=R11 Y=R12

R13=R1-R3

G3 X=R13 Y=R2 J=－R4

G3 I=R4

R14=R2-R4

G3 X=R13 Y=R14 I=R4

G1 G40 X=R1 Y=R2
```

```
G0 Z=R5
M17
```

例如，如果设定精铣中心为（100，50），半径为 40 mm，深度为 20 mm 的圆孔，刀具为 25 mm 的平刀，则加工程序如下：

```
LX9.MPF
T1 D1 M6
G90 G54 G0 X0 Y0 M3 S400
R1=100.
R2=50.
R3=40.
R4=20.
R5=50.
R6=10.
R7=－20.
L100
M5
M30
```

习 题

1. 简述数控铣床的分类及其特点。
2. 简述数控铣床的主要组成。
3. 数控铣床的坐标轴是如何确定的？
4. 简要说明数控铣床中 F、S、T、D 代码的定义和含义。
5. 数控铣床编程中子程序的命名规则有哪几条？
6. 如图 4-25 所示，在一块板上铣出 4 个相同形状的零件，已知加工该形状的子程序为 L100，试编写一完整程序。

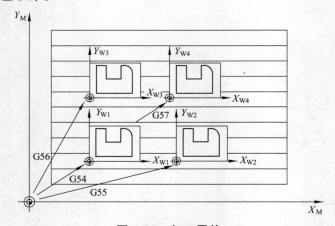

图 4-25 加工零件

7. 如图 4-26 所示，加工一段带终点和半径的圆弧，试编写加工程序。

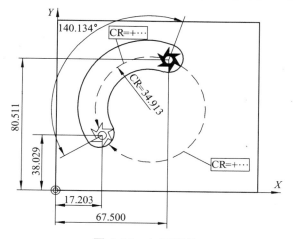

图 4-26　加工零件

8. 加工如图 4-27 所示的五边形，试编写加工程序。

9. 椭圆轮廓的铣削加工如图 4-28 所示。椭圆方程及其参数方程如下：

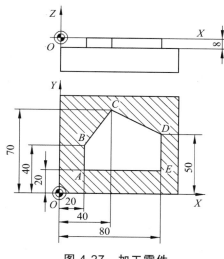

图 4-27　加工零件

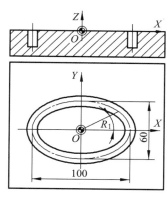

图 4-28　加工零件

椭圆方程：

$$\frac{x^2}{a^2} + \frac{y^2}{b^2} = 1$$

参数方程：

$$\begin{cases} x = a\cos(\theta) \\ y = b\sin(\theta) \end{cases}$$

式中，$a = 100/2 = 50$；$b = 60/2 = 30$；$\theta = R_1$。试编写加工程序。

10. 加工如图 4-29 所示的零件。

（1）零件图如图 4-29 所示。

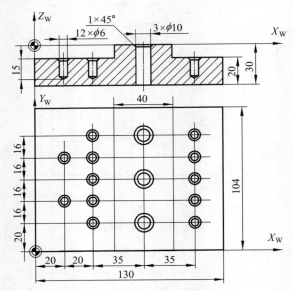

图 4-29　加工零件

（2）工序卡如表 4-14 所示，试编写加工程序。

表 4-14　工序卡

程序号	002	产品型号	B115	零件图号	28036	零件名称	试件	材料	HT20-40	编制	Su	共1页
												第1页

工序号	工序内容	刀具					切削用量			刀辅具	进给量/mm				加工时间/min				备注
		刀具	规格	长度/mm	直径	补偿	S	F	T		加工	切入	切出	总计	加工	辅助	总计	累计	
1	钻中心孔	T1	中心钻	150		D1	1 500	120	6		90	30		120	1	0.05	1.05	1.05	
2	钻 $12 \times \phi6$ mm	T2	麻花钻	200		D1	1 200	120	15		180	24		204	1.7	0.05	1.75	2.8	
3	钻 $3 \times \phi10$ mm	T3	麻花钻	250		D1	800	120	36		108	6		114	0.9	0.03	0.93	3.73	
4	倒 $\phi6$ mm 角	T4	倒角钻	200		D1	800	120	36		12	24		36	0.16	0.21	0.21	3.94	
5	倒 $\phi10$ mm 角	T5	倒角钻	250		D1	800	120	36		3	6		9	0.04	0.07	0.07	4.01	4.01 min/只

114

5 加工中心程序设计

5.1 加工中心的特点与分类

5.1.1 加工中心的特点

加工中心又称多工序自动换刀数控机床，是一种带有刀库和自动换刀装置的数控机床。它把铣削、镗削、钻削等功能集中在一台设备上，一次装夹就可完成多个加工要素的加工，适用于加工凸轮、箱体、支架、盖板、模具等各种复杂型面的零件。目前，加工中心已成为现代机床发展的主流方向，与普通数控机床相比，它具有以下几方面的特点：

1. 工序集中

加工中心具有自动换刀装置，能自动更换刀具，对工件进行多工序加工，使得工件在一次装夹中能完成铣、镗、钻、扩、铰、攻丝等加工，工序高度集中。

加工中心还常常带有自动分度工作台或可自动转角度的主轴箱，工件在一次装夹后，自动完成多个平面或多个角度位置的多工序加工。

2. 加工精度高

加工中心同其他数控机床一样具有加工精度高的特点，而且加工中心由于加工工序集中，避免了长工艺流程，减少了人为干扰，实现了高精度定位和加工。

3. 加工效率高

加工中心由于工序集中，可减少工件装夹、测量和机床的调整时间，减少工件半成品的周转、搬运存放时间，使机床的切削利用率达 80% 以上。带有自动交换工作台的加工中心，一个工件在加工的同时，另一个工作台可以实现工件的装夹，从而大大缩短辅助时间，提高加工效率。

5.1.2 加工中心的分类

1. 按工艺用途分类

（1）镗铣加工中心如图 5-1 所示。镗铣加工中心是机械加工行业应用最多的一类加工设备。其加工范围主要是铣削、钻削和镗削，适用于箱体、壳体以及各类复杂零件特殊曲线和曲面轮廓的多工序加工，同时适用于多品种小批量加工。

（2）钻削加工中心。钻削加工中心的加工以钻削为主，刀库形式以转塔头为主；适用于中小零件的钻孔、扩孔、铰孔、攻螺纹等多工序加工。

图 5-1　镗铣加工中心

（3）车削加工中心如图 5-2 所示。车削加工中心以车削为主，主体是数控车床，机床上配备有转塔式刀库或由换刀机械手和链式刀库组成的刀库。机床数控系统多为二、三轴伺服配制，即 X、Z、C 轴，部分高性能车削中心配备有铣削动力头。

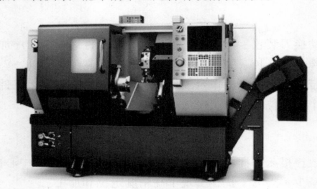

图 5-2　车削加工中心

（4）复合加工中心如图 5-3 所示。在一台设备上可以完成车、铣、镗、钻等多工序加工的加工中心称为复合加工中心，可代替多台机床实现多工序加工。这种方式既能减少装卸时间，提高生产效率，又能保证和提高形位精度。复合加工中心指五面复合加工中心，它的主轴头可自动回转，进行立卧转换加工。

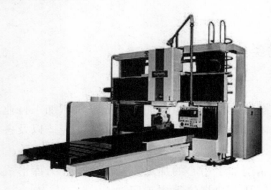

图 5-3　复合加工中心

2. 按主轴特征分类

（1）立式加工中心，指主轴为垂直状态的加工中心。其结构形式多为固定立柱，工作台为长方形，无分度回转台功能，适合加工盘、套、板类零件。它一般具有 3 个直线运动坐标轴，并可在工作台上安装一个沿水平轴旋转的回转台，用以加工螺旋线类零件。立式加工中心装夹方便，便于操作，易于观察加工情况，调试程序容易，应用广泛。但受立柱高度及换刀装置的限制，不能加工太高的零件，在加工型腔或下凹的型面时，切屑不易排出，严重时会损坏刀具，破坏已加工表面，影响加工的顺利进行。

（2）卧式加工中心如图 5-4 所示，指主轴为水平状态的加工中心。卧式加工中心通常都带有自动分度的回转工作台，有的还带有自动交换工作台装置。它一般具有 3 ~ 5 个运动坐标，常见的是 3 个直线运动坐标加一个回转运动坐标，在工件一次装夹后，能完成除安装面和顶面以外的其余 4 个表面的加工。它最适合加工箱体类零件。与立式加工中心相比，卧式加工中心加工时排屑容易，对加工有利，但结构复杂，价格较高。

图 5-4 带自动交换工作台的卧式加工中心

（3）龙门式加工中心，形状与数控龙门铣床相似。龙门式加工中心主轴多为垂直设置，除自动换刀装置以外，还带有可更换的主轴头附件，数控装置的功能也较齐全，能够一机多用，尤其适用于大型和形状复杂的工件加工。

（4）五轴加工中心，具有立式加工中心和卧式加工中心的功能。五轴加工中心，工件一次安装后能完成除安装面以外的其余 5 个面的加工。常见的五轴加工中心有两种形式，一种是主轴可以旋转 90°，可以进行立式和卧式加工；另一种是主轴不改变方向，而由工作台带着工件旋转 90°，完成对工件 5 个面的加工。

5.2 加工中心的程序编制

5.2.1 简单编程指令应用

1. G00、G01：直线插补指令

例 5-1 如图 5-5 所示，进给速度设为 $F = 100 \, \text{mm/min}$，$S = 800 \, \text{r/min}$，其程序如下：

O0721

N10 G90 G54 G00 X20 Y20

N20 S800 M03

N30 G01 Y50 F100

N40 X50

N50 Y20

N60 X20

N70 G00 X0 Y0 M05

N80 M30

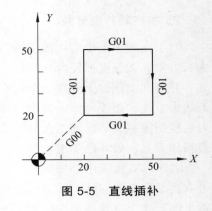

图 5-5　直线插补

2. G02、G03：圆弧插补指令

G02（G03）指令使刀具按圆弧加工，G02 指令使刀具相对工件按顺时针方向加工圆弧，是顺圆弧插补指令；G03 指令使刀具逆时针方向加工圆弧，是逆圆弧插补指令。

其中，X、Y、Z 表示圆弧终点坐标；I、J 表示圆弧中心相对圆弧起点的坐标值；R 表示圆弧半径，若圆弧 $\leqslant 180°$，则 R 为正值；若圆弧 $> 180°$，则 R 为负值；F 是圆弧插补的进给速度，它是刀具轨迹切线方向的进给速度。

例 5-2　对如图 5-6 所示的图形编程。

方法一：用 I、J 编程。

G90 G00 X42 X32

G02 X30 Y20 J-12 F200

G03 X10 I-10

方法二：用 R 编程。

G90 G00 X42 X32

G02 X30 Y20 K-12 F200

G03 X10 K10

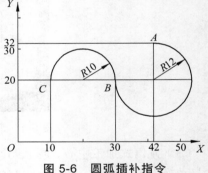

图 5-6　圆弧插补指令

3. G90：绝对坐标指令；G91：相对坐标指令

G90、G91 表示运动轴的移动方式。使用绝对坐标指令（G90）时，程序中的位移量用刀具的终点坐标表示。相对坐标指令（G91）用刀具运动的增量表示。如图 5-7 所示，表示刀具从 A 点到 B 点的移动，用以上两种方式的编程分别如下：

G90 G00 X80 Y150

G91 G00 X-120 Y90

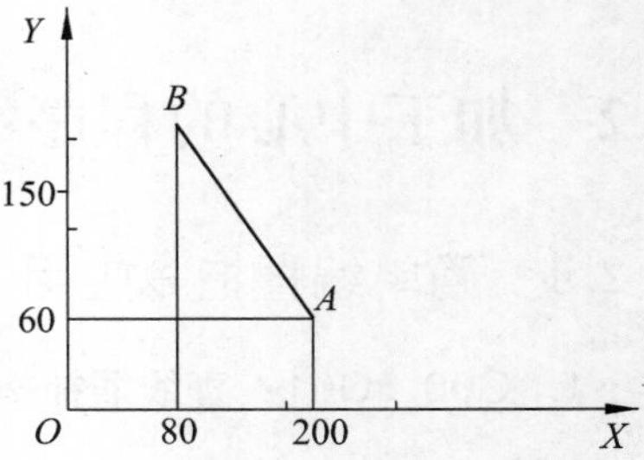

这两种编程方式在程序中可以混用，编程人员应根据实际情况灵活选用，加快编程速度，提高程序可靠性。

图 5-7　G90、G91 指令

118

5.2.2 工件坐标系的建立

1. G92：设置加工坐标系

格式：G92 X… Y… Z…

G92 指令是将加工原点设定在相对于刀具起始点的某一空间点上。

例 5-3 如图 5-8 所示，先将刀具移至欲设工件坐标系的上方 100 mm 处，执行下列程序，把工件坐标系设在上表面处。

…

G92 X0 Y0 Z100

G90 G00 X… Y…

…

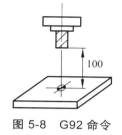

图 5-8 G92 命令

2. G53：选择机床坐标系

格式：G53 G90 X… Y… Z…

G53 指令使刀具快速定位到机床坐标系中的指定位置上，式中 X、Y、Z 后的值为机床坐标系中的坐标值，其尺寸均为负值，如下所示：

G53 G90 X-100 Y-100 Z-20

则执行后刀具在机床坐标系中的位置如图 5-9 所示。

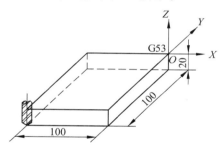

图 5-9 G53 选择机床坐标系

3. G54、G55、G56、G57、G58、G59 选择 1～6 号工件坐标系

格式：G54 G90 G00 （G01）X… Y… Z…（F…）

该指令执行后，所有坐标值指定的坐标尺寸都是选定的工件加工坐标系中的位置。6 个工件坐标系皆以机床原点为参考点，分别以各自与机床原点的偏移量表示，需提前通过 CRT/MDI 方式输入机床内部。这些坐标系存储在机床存储器内，在机床关机时仍然存在。

例 5-4 在图 5-10 中，用 CRT/MDI 在参数设置方式下设置两个加工坐标系：

G54 X-50 Y-50 Z-10

G55 X-100 Y-100 Z-20

这时，建立了原点在 O' 的 G54 加工坐标系和原点在 O'' 的 G55 加工坐标系。若执行下述程序段：

N10 G53 G90 X0 Y0 Z0

N20 G54 G90 G01 X50 Y0 Z0 F100

N30 G55 G90 G01 X100 Y0 Z0 F100

则刀尖点的运动轨迹如图 5-10 中 *OAB* 所示。

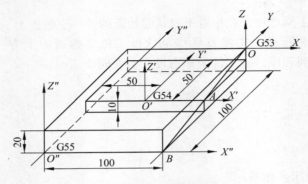

图 5-10　工件坐标系

例 5-5　如图 5-11 所示，对于 *A*、*B*、*C* 的定位程序如下：

N10 G00 G90 G53

N20 X226.05 Y253.96；　　　　　　　　　　　　　　*A* 孔定位

N30 X341.85 Y253.96；　　　　　　　　　　　　　　*B* 孔定位

N40 X341.85 Y186.76；　　　　　　　　　　　　　　*C* 孔定位

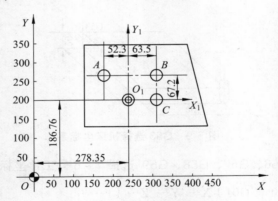

图 5-11　工件坐标系

从上面的程序可以看出，由于选择了机床零点作为编程零点，使程序计算工作量很大，且零件中的尺寸和编程尺寸完全不同，给检查带来了很大的不便。这时若采用工件坐标系，选择 O_1 点作为工件坐标系 G54 的零点，则偏置尺寸为（X-278.35，Y-186.76），这样程序就会大大简化，其程序如下：

N10 G00 G90 G54

N20 X-52.3 Y67.2；　　　　　　　　　　　　　　　*A* 孔定位

N30 X63.5 Y76.2；　　　　　　　　　　　　　　　　*B* 孔定位

N40 X63.5 Y0；　　　　　　　　　　　　　　　　　　*C* 孔定位

120

4. G92 与 G54 ~ G59 的区别

G92 指令与 G54 ~ G59 指令都是用于设定工件加工坐标系的，但在使用中是有区别的。G92 指令是通过程序来设定、选用加工坐标系的，它所设定的加工坐标系原点与当前刀具所在的位置有关，这一加工原点在机床坐标系中的位置是随当前刀具位置的不同而改变的。

G54 ~ G59 指令是通过 MDI 在设置参数方式下设定工件加工坐标系的，一旦设定，加工原点在机床坐标系中的位置是不变的，它与刀具的当前位置无关，除非再通过 MDI 方式修改。

G92 指令后虽有坐标值，但不产生轴的移动。若 G54 ~ G59 指令后有坐标值，轴将会移动到目的点。

G92 设定的坐标系在系统断电后，基准点将消失，下一次使用需重新设定。G54 ~ G59 设定的坐标系无论电源关断与否，都存在于系统内存中，每一次直接调用即可。

5.2.3 刀具半径补偿

G41、G42：刀具半径补偿指令；G40：刀具半径补偿取消指令。

如用半径为 R 的刀具加工工件外形轮廓时，如图 5-12 所示，刀具中心必须沿着与轮廓偏离 R 距离的轨道移动。刀具半径补偿计算就是根据轮廓和刀具半径 R 值计算出刀具中心轨迹，数控机床中的数控装置能自动根据 R 值算出刀具中心轨迹，并按刀具中心轨迹运动，这就是数控系统的刀具半径自动补偿功能。G41：左刀偏指令，即顺着刀具前进方向看，刀具在工件的左边；G42：右刀偏指令，即顺着刀具前进方向看，刀具在工件的右边，如图 5-13 所示。当 G41 或 G42 程序段完成后，用 G40 消去偏置值，使刀具中心与编程轨迹重合。

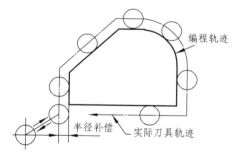

图 5-12　刀具的半径补偿

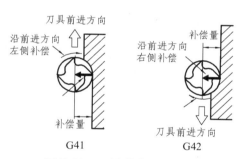

图 5-13　刀具的补偿方向

格式：

$$\begin{Bmatrix} G17 \\ G18 \\ G19 \end{Bmatrix} \begin{Bmatrix} G40 \\ G41 \\ G42 \end{Bmatrix} \begin{Bmatrix} G00 \\ G01 \end{Bmatrix} X\cdots\ Y\cdots\ Z\cdots\ D\cdots$$

式中　X、Y、Z——建立刀具半径补偿运动的始点；

　　　G17——刀具半径补偿平面为 XY 平面；

　　　G18——刀具半径补偿平面为 ZX 平面；

　　　G19——刀具半径补偿平面为 YZ 平面；

　　　G41——左刀补（在刀具前进方向左侧补偿），如图 5-13 所示；

G42——右刀补（在刀具前进方向右侧补偿），如图 5-13 所示；

G40——取消刀具半径补偿；

D——偏置号，D 后是多位自然数，每个偏置号都是内存地址，在这些地址中存放刀具半径值。D00 地址中的值永远是零。

刀具半径补偿的建立，只能在 G00 或 G01 方式下完成，一旦建立了刀具半径补偿，在没被取消之前一直有效。

例 5-6 如图 5-14 所示，在 *XY* 平面内使用半径补偿（没有 *Z* 轴移动）进行轮廓铣削，程序如下：

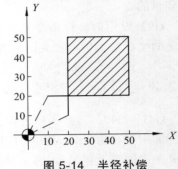

图 5-14 半径补偿

```
O0723
N10 G90 G54 G17 G00 X0 Y0
N20 S1000 M03
N30 G41 X20 Y10 D01
N40 G01 Y50 F100
N50 X50
N60 Y20
N70 X10
N80 G40 G00 X0 Y0 M05
N90 M30
```

说明：① 刀具半径补偿的建立或取消，只能在 G00 或 G01 方式下完成，一旦建立了刀具半径补偿，在没被取消之前一直有效。

② 当刀具补偿号为 D00 时，等同于取消刀具半径补偿。

③ 一般情况下，刀具半径补偿号要在刀补取消后才能变换，如果在补偿方式下变换补偿号，则前句目的点的补偿量将按新的给定值确定，而前句开始点补偿则不便。

④ 刀具半径补偿可以利用在同一程序改变刀补大小实现粗、精加工。

$$粗加工刀补 = 刀具半径 + 精加工余量$$
$$精加工刀补 = 刀具半径 + （修正量）$$

⑤ 在进行刀补的时候，向扩大刀具中心轨迹方向的补偿，对刀具直径的要求较小。对于缩小刀具中心轨迹方向的补偿，对刀具的直径有一定的要求，刀具的半径应当小于轮廓的最小半径，否则将形成刀路的自交叉或缩小成点的情况。

⑥ 在偏置方式中，如果有相邻两句或两句以上程序段无刀具补偿平面内轴的移动，刀具就有可能将产生过切。

5.2.4 刀具长度补偿

G43、G44：刀具长度偏置指令；G49：刀具长度偏置取消指令。

当一个加工程序内要使用几把不同刀具时，由于所选用的刀具长度各异，或者刀具磨损后长度发生变化，因而在同一坐标系内，在 *Z* 值不变的情况下可能是刀具的端面在 *Z* 轴方向的实际位置有所不同，这就给编程带来了困难。为了使编程方便，调试刀具容易，就需要统

122

一刀具长度方向定位基准，这样就产生了刀具长度偏置功能，如图 5-15 所示。刀具长度偏置指令用于刀具轴向的补偿，它使刀具在 Z 方向上的实际位移量等于补偿轴终点坐标值加上（或减去）补偿值。

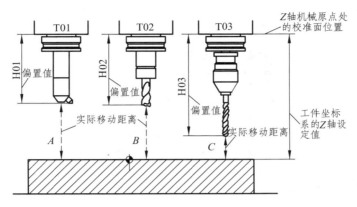

图 5-15 刀具长度补偿的设定

格式：

$$\begin{Bmatrix} G17 \\ G18 \\ G19 \end{Bmatrix} \begin{Bmatrix} G43 \\ G44 \\ G49 \end{Bmatrix} \begin{Bmatrix} G00 \\ G01 \end{Bmatrix} X\cdots Y\cdots Z\cdots H\cdots$$

式中 G17——刀具长度补偿轴为 Z 轴；

G18——刀具长度补偿轴为 Y 轴；

G19——刀具长度补偿轴为 X 轴；

G49——取消刀具长度补偿；

G43——正向偏置（补偿轴终点加上偏置值）；

G44——负向偏置（补偿轴终点减去偏置值）；

X、Y、Z——G00/G01 的参数即刀补建立或取消的终点；

H——刀具长度补偿偏置号（H00～H99）。

H 字是内存地址，在该地址中装有刀具的偏置量（刀柄锥部的基准面到刀尖的距离），该偏置量代表了刀补表中对应的长度补偿值。

G43、G44、G49 指令都是模态代码，可相互注销，并且 G43、G44 只能在 G00 或 G01 方式完成，在没有被 G49 取消前一直有效。

采用 G43（G44）指令后，编程人员就不一定要知道实际使用的刀具长度，可按假定的刀具长度进行编程。或者在加工过程中，若刀具长度发生变化或更新刀具时，不需要变更程序，只要改变刀具长度偏置值即可。

例 5-7 如图 5-16 所示，用装在主轴上的立铣刀加工Ⅲ、Ⅳ面，必须把刀具从基准面Ⅰ移近工件上表面，再做 Z 向切入进给，这两个动作程序如下：

N1 G91 G00 G43 H01 Z-348

N2 G01 Z-12 F100

⋮

Ni G00 G49 Z360

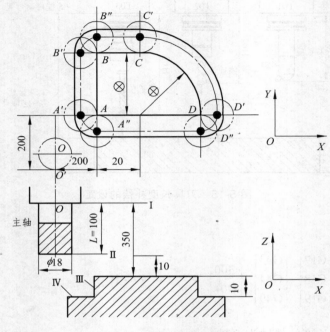

图 5-16　刀具长度补偿

N1 句程序使主轴沿 Z 向以 G00 方式按 G91 指令相对移动，移动距离为 - 348 + H01，即 - 348 + 100 = - 248（mm）。

N2 句程序主轴 Z 向直线插补切入 12 mm，完成加工后，继续执行以下程序。

Ni 句程序取消刀具长度补偿，主轴 Z 向移动距离 360 mm 回到原始位置。

例 5-8　刀具补偿编程举例。图 5-16 为用铣刀加工 ABCDA 轮廓线示意图，立铣刀装在主轴上，铣刀测量基准面 I 到工件上表面的距离为 350 mm，要加工 III、IV 面，必须把刀具从基准面 I 移近工件表面，再做 Z 向切入进给。图中装刀的基准点是 O，铣刀长度为 100 mm，半径为 9 mm，编写加工 ABCDA 轮廓线的程序如下：

O0725

N10 G92 X0 Y0 Z0;　　　　　　　　　　　设定坐标系

N20 G91 G00 G41 D01 X200 Y200;　　　　建立刀具半径补偿

N30 G43 H01 Z-348;　　　　　　　　　　建立刀具长度补偿

N40 G01 Z-12 F100;　　　　　　　　　　Z 向切入

N50 Y30;　　　　　　　　　　　　　　　加工 AB 轮廓

N60 X20;　　　　　　　　　　　　　　　加工 BC 轮廓

N70 G02 X30 Y-30 I0 J-30;　　　　　　　加工 CD 轮廓

124

N80 G10 X-50;　　　　　　　　加工 *DA* 轮廓

N90 G00 G49 Z-360;　　　　　取消长度补偿

N100 G40 X-200 Y-200;　　　取消长半径补偿回原点

N110 M30;　　　　　　　　　程序结束

5.2.5　固定循环指令

G73、G74、G76、G81~G89：固定循环指令。

1.　固定循环参数

在数控加工中，一些典型的加工工序，如钻孔，一般需要快速接近工件、慢速钻孔、快速回退等固定动作。又如在车螺纹时，需要切入、切螺纹、径向退出、再快速返回4个固定动作。将这些典型的、固定的几个连续动作，用一条 G 指令来代表，这样只需用单一程序段的指令程序即可完成加工,这样的指令称为固定循环指令。

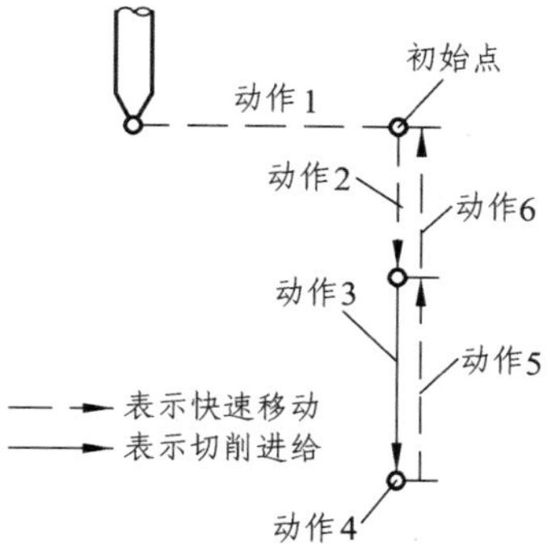

一般固定循环由如下 6 个动作顺序组成，如图 5-17 所示。

动作 1：*X*、*Y* 轴定位（初始点）；

动作 2：快速移动到 *R* 点；

动作 3：切削进给；

动作 4：在孔底位置的动作；

动作 5：退回到 *R* 点；

动作 6：快速移动到初始点。

图 5-17　固定循环的动作

格式：

$$\begin{Bmatrix} G98 \\ G99 \end{Bmatrix} G\cdots X\cdots Y\cdots Z\cdots R\cdots Q\cdots P\cdots I\cdots J\cdots K\cdots F\cdots L\cdots$$

式中　G98——返回初始平面；

　　　G99——返回 *R* 点平面；

　　　G…——钻孔方式，如 G73、G74、G76、G81~G89 等；

　　　X、Y——孔位置数据；

　　　Z——从 *R* 点到孔底的距离，以增量值指定；

　　　R——从初始点到 *R* 点的距离，以增量值指定；

　　　Q——G83 指定每次的切削量，G87 指定移动量；

　　　P——在孔底的暂停时间；

　　　F——切削进给速度；

　　　L——1~6 动作的重复次数。

固定循环的数据表达形式可以用绝对坐标（G90）和相对坐标（G91）来表示。如图 5-18

所示，其中图（a）是采用 G90 的表示，图（b）是采用 G91 的表示。

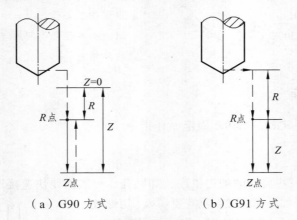

（a）G90 方式　　　　　　（b）G91 方式

图 5-18　固定循环的 G90、G91 方式

常见铣削固定循环功能及指令如表 5-1 所示。

表 5-1　铣削固定循环功能及指令

G 代码	功 能	在孔底位置的操作	退刀操作	用 途
G73	间歇进给	—	快速进给	高速深孔钻循环
G74	切削进给	暂停→主轴正转	切削进给	反攻丝
G76	切削进给	主轴准确停止	快速进给	精 镗
G80	—	—	—	取消固定循环
G81	切削进给	—	快速进给	钻孔、锪孔
G82	切削进给	暂 停	快速进给	钻孔、阶梯镗孔
G83	间歇进给	—	快速进给	深孔钻循环
G84	切削进给	暂停→主轴反转	切削进给	攻 丝
G85	切削进给	—	切削进给	镗 削
G86	切削进给	主轴停止	快速进给	镗 削
G87	切削进给	主轴正转	快速进给	背镗削
G88	切削进给	暂停→主轴停止	手 动	镗 削
G89	切削进给	暂 停	切削进给	镗 削
G98	固定循环返回起始点	—	—	—
G99	固定循环返回 R 点	—	—	—

2. 几个常用钻孔循环指令说明

（1）钻孔循环 G81、G83、G73，如图 5-19 所示。

G81 用于定点钻，G83 用于深孔钻（排屑），G73 用于高速钻孔（断屑）。G83、G73 的 q、d 值意义相同，q 表示每次背吃刀量，d 表示退刀距离，是 NC 系统内部设定的。到达 E 点的最后一次进刀是若干个 q 之后的剩余量，小于或等于 q。

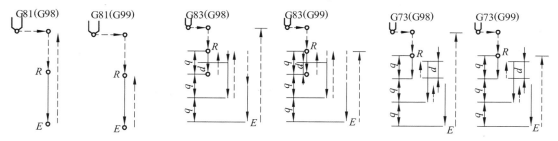

图 5-19　钻孔循环 G81、G83、G73

格式：　$\left.\begin{matrix} G99 \\ G98 \end{matrix}\right\}$ G83 X⋯ Y⋯ Z⋯ R⋯ Q⋯ F⋯

（2）攻丝循环 G74（左旋）主轴顺时针旋转、G84（右旋）主轴逆时针旋转，如图 5-20 所示。

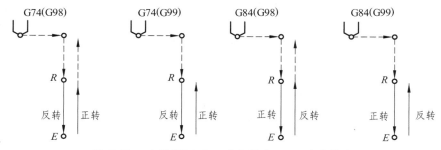

图 5-20　攻丝循环 G74（左旋）、G84（右旋）

格式：　$\left.\begin{matrix} G99 \\ G98 \end{matrix}\right\}$ G74 X⋯ Y⋯ Z⋯ R⋯ P⋯ F⋯

式中　R——不小于 7 mm；

　　　P——丝锥在螺纹孔底的暂停时间，ms；

　　　F——进给速度，即转数（r/min）×螺距（mm）。

（3）镗孔循环 G76、G81、G82，如图 5-21 所示。

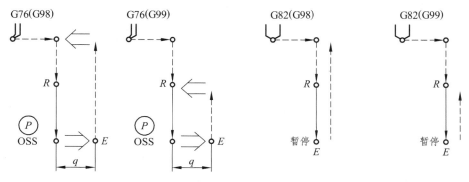

图 5-21　镗孔循环 G76、G81、G82

127

格式：$\begin{Bmatrix} G99 \\ G98 \end{Bmatrix}$ G76 X⋯ Y⋯ Z⋯ R⋯ Q⋯ F⋯

G81 适用于定点镗削。

G76 适用于精镗孔循环，退刀时主轴停、定向并有让刀动作，避免擦伤孔壁，让刀由 Q 值设定（mm）。

G82 适用于盲孔、台阶孔的加工，镗刀在孔底停止进给一段时间后退刀，暂停时间由 P 值设定（ms）。

（4）取消循环 G80。

3. 使用固定循环功能注意事项

（1）在使用固定循环之前，必须用辅助功能使主轴旋转。在固定循环方式中，其程序段必须有 X、Y、Z 轴（包括 R）的位置数据，否则不执行固定循环。

（2）固定循环指令都是模态的，一旦指定，就一直保持有效，直到撤销固定循环指令出现。因此，在后面的连续加工中就不必重新指定。如果仅仅是某个孔加工数据发生变化（如孔深变化），仅再写需要变化的数据即可。

（3）撤销固定循环指令除了 G80 外，G00、G01、G02、G03 也能起撤销作用，因此编程时要注意。

（4）在固定循环方式中，G43、G44 仍起着刀具长度补偿的作用。

（5）在固定循环运行中，若复位或急停，这时孔加工方式和孔加工数据还被存储着，所以在开始加工时要特别注意，使固定循环剩余动作进行完或取消固定循环。

例 5-9 如图 5-22 所示，工件要加工 3 种类型的孔：6 个 $\phi10$ mm 的通孔、4 个 $\phi20$ mm 的沉孔、3 个 $\phi50$ mm 的通孔。使用刀具代码分别为 T1、T2、T3。Z 轴主轴端面作为编程起始点，采用刀具长度补偿功能 G43，3 把刀的长度补偿值分别存入 H1、H2、H3 中。

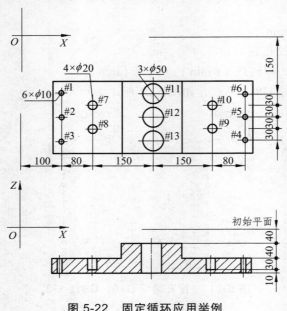

图 5-22　固定循环应用举例

加工程序如下：

N10 G92 X0 Y0 Z0

N20 G90 G00 Z200

N30 T1 M06

N40 G43 Z0 H1;   T1 长度补偿

N50 S600 M03

N60 G99 G81 X100 Y-150 Z-123 R-77F120;   钻孔循环，钻 1#孔，返回 *R* 面

N70 Y-210;   钻 2#孔，返回 *R* 面

N80 G98 Y-270;   钻 3#孔，返回初始面

N90 G99 X560;   钻 4#孔，返回 *R* 面

N100 Y-210;   钻 5#孔，返回 *R* 面

N110 G98 Y-150;   钻 6#孔，返回初始面

N120 G00 X0 Y0 M05

N130 G49 Z200;   取消长度补偿

N140 T2 M06;   换刀

N150 G43 Z0 H2;   T2 刀具长度补偿

N150 S300 M03

N170 G99 G82 X180 Y-180 Z-100 R-77 P300 F70;   钻 7#孔，孔底停 300 ms 返回 *R* 面

N180 G98 Y-240;   钻 8#孔，返回初始面

N190 G99 X480;   钻 9#孔，返回 *R* 面

N200 G98 Y-180;   钻 10#孔，返回初始面

N210 G00 X0 Y0 M05

N220 G49 Z200;   取消长度补偿

N230 T3 M00;   换刀

N240 G43 Z0 H3;   T3 长度补偿

N250 S200 M03

N260 G99 G85 X330 Y-150 Z-123 R-37 F50;   镗 11#孔，返回 *R* 面

N270 Y-210;   镗 12#孔，返回 *R* 面

N280 G98 Y-270;   镗 13#孔，返回初始面

N290 G90 G00 X0 Y0 M05;   返回参考点，主轴停

N300 G49 Z0;   取消长度补偿

N310 M30

5.2.6　子程序

当同样的一组程序被重复使用多于一次时，可以把它编成子程序，在主程序不同的地方通过一定的调用格式多次调用。

1．子程序格式

子程序由子程序名、子程序体和子程序结束指令组成，子程序名由起始符（FANUC 系

统是"O"，西门子系统用"%"）加多位自然数组成，子程序体是一个完整的加工过程程序。其格式和所用指令与主程序完全相同。M99是子程序结束指令。

```
O××××;                          子程序名
…                               子程序体
…
…
M99;                            子程序结束
```

2．子程序调用

格式：M98 P… L…

M98 是在主程序中调用子程序指令，P 是调用子程序标识符，P 后面的自然数是被调用子程序名，L 是调用次数，省略为 1 次。子程序中还可再调用子程序，但最多可调用四级子程序，也就是可嵌套四级。

一般来说，执行零件程序都是按顺序执行的。根据加工工艺要求，子程序调用命令放在主程序合适的位置。当主程序执行到 M98 P… L…时，控制系统将转到子程序执行；到 M99 时，返回主程序断点处（调用处）。

例 5-10　子程序调用举例：

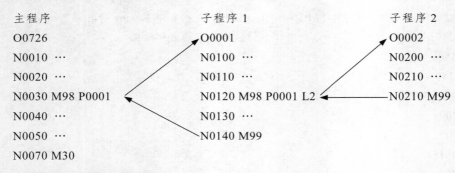

```
主程序              子程序 1                子程序 2
O0726              O0001                   O0002
N0010 …            N0100 …                 N0200 …
N0020 …            N0110 …                 N0210 …
N0030 M98 P0001    N0120 M98 P0001 L2      N0210 M99
N0040 …            N0130 …
N0050 …            N0140 M99
N0070 M30
```

3．使用子程序注意事项

（1）在半径补偿模式中不能调用子程序；

（2）当 M99 在主程序中出现时，程序将会返回主程序头。例如，在主程序中加入"/M99;"，当跳段选择开关关闭时，主程序执行 M99 并返回程序头重新开始工作并循环下去。当跳段选择开关有效时，主程序跳过 M99 语句执行后面的程序段。

当出现"/M99 P…"语句时，程序不是跳转到程序头，而是跳转到 P 后所指定的行号。

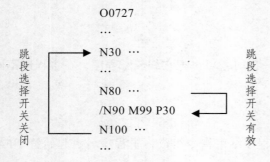

```
                O0727
                …
跳段          → N30 …                     跳
选择            …                         段
开关            N80 …                     选
关            /N90 M99 P30 ←              择
闭            N100 …                      开
                …                         关
                                          有
                                          效
```

例 5-11　如图 5-23 所示，铣削 6 个正方形，Z 轴起始高度为 100 mm，切深为 10 mm。

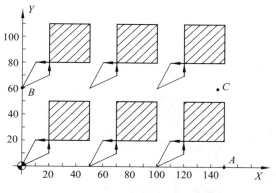

图 5-23　子程序应用举例

```
O0727;                              主程序
N10 G90 G54 G00 G17 X0 Y0
N20 S1000 M03
N30 M98 P100 L3
N40 G90 G00 X0 Y60
N60 M98 P100 L3
N70 G90 G00 X0 Y0 M05
N80 M30
O0001;                              子程序
N10 G91 Z-95
N20 G41 X20 Y10 D01
N30 G01 Z-15 F200
N40 Y30 F100
N60 X30
N70 Y-30
N80 X-30
N90 G00 Z110
N100 G40 X-10 Y-20
N110 X50
N110 M99
```

5.3　加工中心的操作

加工中心有各种类型，不同机型的操作面板和外形结构各不相同，但基本操作方法与原理相同。

5.3.1 加工中心的操作面板

1. 系统操作面板

系统操作面板左侧为显示屏，右侧是编程面板，如图 5-24 所示。编程面板上有数字/字母键、编辑键、页面切换键等按键。

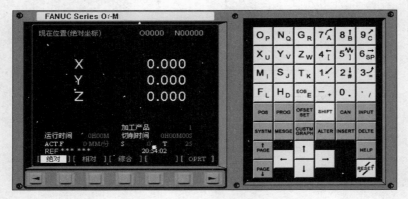

图 5-24　FANUC 0i 加工中心系统操作面板

（1）数字/字母键（见图 5-25）。

图 5-25　数字/字母键

数字/字母键用于输入数据，系统自动判别取字母还是取数字。

字母和数字通过 SHIFT 键切换输入，如 O→P，7→A。

（2）编辑键。

ALTER 替换键：用输入的数据替换光标所在的数据。

DELTE 删除键：删除光标所在的数据，或者删除一个程序，或者删除全部程序。

INSERT 插入键：把输入区中的数据插入到当前光标之后的位置。

CAN 取消键：消除输入区内的数据。

EOB_E 回车换行键：结束一行程序的输入并且换行。

SHIFT 上挡键。

（3）页面切换键。

PROG 用于程序显示与编辑页面。

POS 用于位置显示页面。位置显示有 3 种方式，用"PAGE"按钮选择。

132

OFSET SET 用于参数输入页面。按第一次进入坐标系设置页面，按第二次进入刀具补偿参数页面。进入不同的页面以后，用"PAGE"按钮切换。

SYSTM 用于系统参数页面。

MESGE 用于信息页面，如"报警"。

CUSTM GRAPH 用于图形参数设置页面。

HELP 用于系统帮助页面。

RESET 复位键。

（4）翻页按钮（PAGE）。

↑PAGE 用于向上翻页。 **PAGE↓** 用于向下翻页。

（5）光标移动（CURSOR）。

↑ 用于向上移动光标。 **←** 用于向左移动光标。

↓ 用于向下移动光标。 **→** 用于向右移动光标。

（6）输入键。

INPUT 输入键：把输入区内的数据输入参数页面。

2．机床操作面板

机床操作面板如图 5-26 所示，主要用于控制机床的运行状态，由模式选择按钮、运行控制开关等多个部分组成，每一部分的详细说明如下：

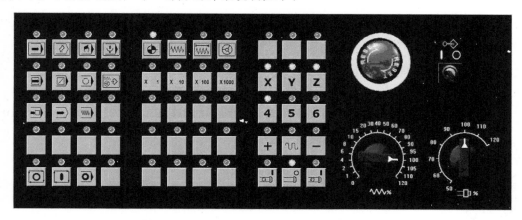

图 5-26　FANUC 0i 加工中心机床操作面板

（1）工作模式选择按钮。

→| AUTO：自动加工模式。

◇ EDIT：编辑模式。

手 MDI：手动数据输入。

WW INC：增量进给。

HND：手轮模式移动机床。

JOG：手动模式，手动连续移动机床。

DNC：用 232 电缆线连接 PC 机和数控机床，选择程序传输加工。

REF：回参考点。

（2）程序运行控制开关。

程序运行开始：模式选择旋钮在"AUTO"和"MDI"位置时按下有效，其余时间按下无效。

程序运行停止：在程序运行中，按下此按钮停止程序运行。

单步执行开关：每按一次，程序启动执行一条程序指令。

程序段跳读：自动方式按下此键，跳过程序段开头带有"/"的程序。

程序停：自动方式下，遇有 M00 程序停止。

机床空运行：按下此键，各轴以固定的速度运动。

程序重启动：由于刀具破损等原因自动停止后，程序可以从指定的程序段重新启动。

（3）机床主轴手动控制开关。

用于手动主轴正转。

用于手动主轴反转。

用于手动停止主轴。

（4）手动移动机床各轴按钮。

X\Y\Z：选择移动轴。

+、−：选择移动方向。

（5）增量进给倍率选择按钮。

用于选择移动机床轴时，每一步的移动距离：×1 为 0.001 mm；×10 为 0.01 mm；×100 为 0.1 mm；×1 000 为 1 mm。

（6）进给率（F）调节旋钮。

用于调节程序运行中的进给速度，调节范围从 0% ~ 120%。

（7）主轴转速倍率调节旋钮。

用于调节主轴转速，调节范围从 0% ~ 120%。

（8）手脉。

（9）COOL 冷却液开关：按下此键，冷却液开；再按一下，冷却液关。

（10）TOOL 在刀库中选刀：按下此键，在刀库中选刀。

（11）▦ 程序编辑锁定开关：置于"⬤"位置，可编辑或修改程序。

（12）▦ 把光标置于手轮上，选择轴向，按鼠标左键，移动鼠标，手轮顺时针转，相应轴往正方向移动；手轮逆时针转，相应轴往负方向移动。

（13）➡ 机床锁定开关：按下此键，机床各轴被锁住，只能程序运行。

（14）⬤ 紧急停止旋钮：按下此键，通向电机的电源被关断，机床动作全部停止。

5.3.2　手动操作机床

1.　基本操作

（1）接通电源。

（2）回参考点：置模式旋钮在 ⬕ 位置，选择各轴 **X** **Y** **Z**，按住按钮，即回参考点。

（3）机床轴的手动移动。

方法一：快速移动 〜，这种方法用于较长距离的工作台移动。

① 置"JOG"模式在 ▦ 位置。

② 选择各轴，点击方向键 **+** **−**，机床各轴移动，松开后停止移动。

③ 按 〜 键，各轴快速移动。

方法二：增量移动 ▦，这种方法用于微量调整，如用在对基准操作中。

① 置模式在 ▦ 位置：选择 **X 1** **X 10** **X 100** **X1000** 步进量。

② 选择各轴，每按一次，机床各轴移动一步。

方法三：操纵"手脉" ◉，这种方法用于微量调整。在实际生产中，使用手脉可以让操作者容易控制和观察机床移动。"手脉"在软件界面右上角 ▦ 中，点击即出现。

（4）开、关主轴：置模式旋钮在"JOG"位置 ▦，按 ▦ ▦ 键机床主轴正反转，按 ▦ 键主轴停转。

2.　程序的运行

（1）启动程序加工零件：置模式旋钮在"AUTO"位置 ➡，选择一个程序（参照下面介绍选择程序方法），按程序启动按钮 ▦。

（2）试运行程序：置于 ➡ 模式，选择一个程序如 O0001 后按 ↓ 键调出程序，按程序启动按钮 ▦。

（3）单步运行：置单步开关 ▤ 于"ON"位置，程序运行过程中，每按一次 ▯ 键执行一条指令。

3. 程序的相关操作

（1）程序的输入：通过操作面板手工输入 NC 程序。置模式开关在"EDIT"模式 ◇，按 PROG 键，再按 ▮ DIR ▮ 键进入程序页面，输入程序名（输入的程序名不可以与已有程序名重复），按 EOB_E → INSERT 键，开始程序输入，按 EOB_E → INSERT 键换行后再继续输入。

（2）程序的编辑（删除、插入、替换操作）：模式置于"EDIT"模式 ◇，选择 PROG 键，输入被编辑的 NC 程序名如"O0007"，按 INSERT 键即可编辑。

删除：按 DELTE 键，删除光标所在的代码。

插入：按 INSERT 键，把输入区的内容插入到光标所在代码的后面。

替代：按 ALTER 键，把输入区的内容替代光标所在的代码。

（3）选择一个程序。

方法一：按程序号搜索。选择模式放在"EDIT"下，按 PROG 键输入程序名（如 O0007），"O0007"NC 程序显示在屏幕上，即可对该程序进行编辑。

方法二：选择模式"AUTO" ➡。按 PROG 键输入程序名（如 O0007），"O0007"NC 程序显示在屏幕上，即可运行该程序。

（4）删除一个程序：选择模式在"EDIT"下，按 PROG 键输入要删除的程序的号码字母（如 O0007），按 DELTE 键"O0007"NC 程序被删除。

（5）删除全部程序：选择模式在"EDIT"下，按 PROG 键输入字母"O"，输入"-9999"，按 DELTE 键全部程序被删除。

（6）搜索一个指定的代码：一个指定的代码可以是一个字母或一个完整的代码。例如，"N0010""M""F""G03"等。搜索应在当前程序内进行。

在"AUTO" ➡ 或"EDIT" ◇ 模式下，按 PROG 键，选择一个 NC 程序，输入需要搜索的字母或代码，如"M""F""G03"，按 ▮ BG-EDT ▮▮ O检索 ▮▮ 检索↓ ▮▮ 检索↑ ▮▮ REWIND ▮ 中的检索键 ▮ 检索↓ ▮，开始在当前程序中搜索。

（7）自动生成程序段号输入：按 OFSET_SET → ▮ SETING ▮ 键，如图 5-27 所示，在参数页面顺序号中输入"1"，所编程序自动生成程序段号，如 N10…N20…。

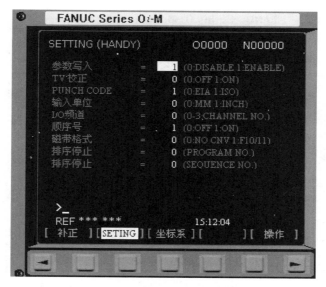

图 5-27 程序段号的自动生成

（8）输入工件原点参数，如图 5-28 所示：按 [OFSET SET] 键进入参数设定页面，按"坐标系"，用 [PAGE↓] [PAGE↑] 或 ↓ ↑ 键选择坐标系，输入地址字（X/Y/Z）和数值到输入域，按 [INPUT] 键，把输入域中间的内容输入到所指定的位置。

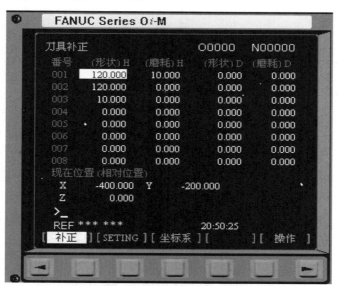

图 5-28 FANUC 0i-M（铣床）工件坐标系页面

（9）输入刀具补偿参数，如图 5-29 所示：按 [OFSET SET] 键进入参数设定页面，按"[补正]"键，用 [PAGE↓] 和 [PAGE↑] 键选择长度补偿、半径补偿，用 ↓ 和 ↑ 键选择补偿参数编号。输入补偿值到长度补偿 H 或半径补偿 D。按 [INPUT] 键，把输入的补偿值输入到所指定的位置。

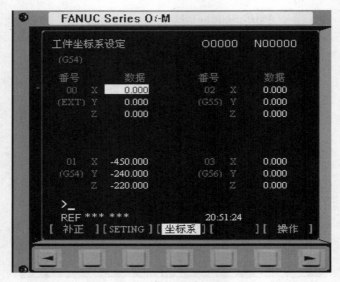

图 5-29　FANUC 0i-M（铣床）刀具补正页面

（10）位置显示：按 POS 键切换到位置显示页面，用 PAGE 和 PAGE 键或者软键切换。

（11）MDI 手动数据输入：按 键，切换到"MDI"模式，按 PROG 键，再按 MDI →EOB E 键到程序段号"N10"，输入程序，如"G0X50"，按 INSERT 键，"N10G0X50"程序被输入，按程序启动按钮 。

（12）镜像功能：按 OFSET SET →SETING→ PAGE 键，如图 5-30 所示，在参数页面中，MIRROR IMAGE X、MIRROR IMAGE Y、MIRROR IMAGE Z 分别表示 X 轴、Y 轴和 Z 轴镜像功能。如输入"1"，镜像启动。

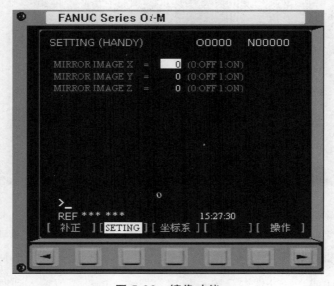

图 5-30　镜像功能

5.4 加工中心程序设计典型实例

5.4.1 凸轮加工程序

凸轮是典型机械零件之一，由于其轮廓复杂，在普通机床上加工，很难保证加工精度，而使用加工中心加工，既可以保证精度又可以提高效率。

图 5-31 为心形凸轮零件图。材料为 TH200，毛坯加工余量上下底面为 5 mm，其余为 2 mm。

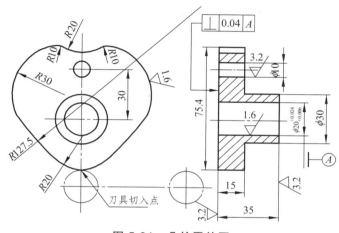

图 5-31　凸轮零件图

1．工艺分析

在加工中心进行工艺分析时，主要从两方面考虑：精度、效率。理论上，加工工艺必须达到图纸要求，同时又能充分合理地发挥出机床的功能。

（1）图纸分析。

图纸分析主要包括零件轮廓形状、尺寸精度、技术要求和定位基准等。从零件图可以看出，零件轮廓形状为圆弧过渡。图中尺寸精度和表面粗糙度要求较高的是凸轮外轮廓、安装孔和定位孔，位置精度要求较高的是底面和基准轴线之间的垂直度，在加工过程中应重点保证。

（2）确定定位基准。

在加工中心上加工工件时，工件的定位仍遵守六点定位原则。在选择定位基准时，一方面要全面考虑各个工件的加工情况，保证工件定位准确，装卸方便，能迅速完成工件的定位和夹紧，保证各项加工的精度；另一方面要满足加工中心工序集中的特点，即一次安装尽可能完成零件上较多表面的加工。一般来说，定位基准应尽量选择工件上的设计基准，并且最好是零件上已有的面和孔，若没有合适的面或孔，也可专门设置工艺孔或工艺凸台等作为定位基准。

根据以上原则和图纸分析，本例加工时首先以顶面为基准加工底面、安装孔和定位孔，然后，以底面和两孔定位，一次装夹，将所有表面和轮廓全部加工完成，这样就可以保证图纸要求的尺寸精度和位置精度。

2. 工件的装夹

根据工艺分析，主要加工凸轮轮廓，当加工底面安装孔和定位孔时采用平口虎钳装夹。平口虎钳装夹工件时，应首先找正虎钳固定钳口，注意工件应安装在钳口中间部位，工件被加工部分要高出钳口，避免刀具与钳口发生干涉。夹紧工件时，注意工件上浮。加工轮廓和其他表面时，用压板、螺栓装夹，应避免与被加工表面发生干涉。

3. 确定编程原点、编程坐标系、对刀位置及对刀方法

根据工艺分析，工件坐标原点 X_0、Y_0 设在基准上面的中心，Z_0 点设在上表面。编程原点确定后，编程坐标、对刀位置与工件坐标原点重合。对刀方面可根据机床选择，这里选用手动对刀。

4. 确定加工所用的各种工艺参数

切削条件的好坏直接影响加工的效率和经济性，这主要取决于编程人员的经验，工件的材料及性质，刀具的材料及形状，机床、刀具、工件的刚性，加工精度、表面质量要求，冷却系统等。具体参数如表 5-2、表 5-3 所示。

表 5-2　数控加工工艺卡

XXX 公司	产品型号	零件名称	零件图号	夹具名称	程序名称	材料	使用设备	编制
		平面凸轮		平口钳	O7411、O7412	TH200	TH7640	

工步号	加工内容		刀具号	刀具名称	刀具规格/mm	刀具补偿号	主轴转速/(r/min)	进给速度/(mm/min)	切削深度/mm	加工余量/mm
1	铣底面	粗	T01	立铣刀	$\phi40$	H1	220	44	2	
		精				H2	500	44	0.5	
2	钻中心孔		T02	中心钻	$\phi3$	H3	900	80	2	
3	钻孔		T03	麻花钻	$\phi18$	H4	450	45	25	
4	钻孔		T04	麻花钻	$\phi9.5$	H5	450	45	25	
5	铰孔		T05	铰刀	$\phi20$	H6	30	5	25	
6	铰孔		T06	铰刀	$\phi10$	H7	30	5	25	
7	铣外轮廓	粗	T07	立铣刀	$\phi20$	H8、D8	290	58	23	
		精				H8、D9				
8	铣上面		T08	立铣刀	$\phi40$	H9	220	44	2	
9	倒角		T09	倒角刀	$\phi20$	H10	220	100	1	

表 5-3　刀具调整卡

XXX公司	产品型号	零件名称	零件图号	程序名称	材料	使用设备	编制
		平面凸轮		O7411、O7412	TH200	TH7640	
刀具号（T）	刀具名称	刀具规格/mm	刀具偏置值	用途		刀具材料	
1	立铣刀	$\phi40$	H1、H2	铣上、下面		合金镶条	
2	中心钻	$\phi3$	H3	孔定位		高速钢（HSS）	
3	麻花钻	$\phi18$	H4	钻安装孔		高速钢（HSS）	
4	麻花钻	$\phi9.5$	H5	钻定位孔		高速钢（HSS）	
5	铰刀	$\phi20$	H6	铰孔		高速钢（HSS）	
6	铰刀	$\phi10$	H7	铰孔		高速钢（HSS）	
7	立铣刀	$\phi20$	H8、D8、D9	铣外轮廓		合金镶条	
8	立铣刀	$\phi40$	H9	铣上面		合金镶条	
9	倒角刀	$\phi16$	H10	倒角		高速刀（HSS）	

5. 数值计算

根据零件图样，按已确定的加工路线和允许的程序保证误差，计算出数控系统所需数值，数值计算内容有以下两个方面：

① 基点和节点的计算；

② 刀位点轨迹的计算。

由于以上计算工作量比较大，现在主要由计算机来完成。按零件图和工件坐标系，凸轮轮廓各交点（X，Y）坐标如下：

（ 0.000，31.633 ）、（ -13.09，-26.820 ）、（ -33.825，-4.072 ）、（ -40.295，14.538 ）、（ -17.275，43.715 ）、（ -9.966，42.660 ）、（ 9.966，42.660 ）、（ 17.275，43.175 ）、（ 40.295，14.538 ）、（ 33.825，-4.072 ）、（ 13.019，-26.820 ）。

6. 编写加工程序

做完以上工作，可以开始按铣刀前进方向逐段编写加工程序，编写程序时应注意所用代码格式要符合所用的机床控制系统的功能，以及用户编程手册的要求，不要遗漏必要的指令或程序段，且数值填写要正确无误，尽量减少差错，特别要注意多零、少零、正负号及小数点。

O7411（FANUC-0M）

G90 G17 G40 G49 G80 G54

T1 M06；　　　　　　　　　　T01 号刀（粗加工底面）

S220 M03；　　　　　　　　　主轴正转

G00X-50Y-40 Z20；　　　　　　快速定位

G43 G01 Z5 F44 H1

M08

G01 Z-2 F44

G01 X 50 Y-40

G01 X 50 Y-10

G01 X-50 Y-10

G01X-50 Y20

G01 X 50 Y 20

G01 X 50 Y 50

G01 X-50 Y 50

G01 X-50 Y 80

G01 X 50 Y 80

G00 Z 20

G00 X-50 Y-40

G01 Z-4.5 F 44

G01 X 50 Y-40

G01 X 50 Y-10

G01 X-50 Y-10

G01 X-50 Y 20

G01 X 50 Y 20

G01 X 50 Y 50

G01 X-50 Y 50

G01 X-50 Y 80

G01 X 50 Y 80

G00 Z20

S500 M03；

G43 G01 Z5 F44 H2   精加工底面

X-50 Y-40

G01 Z-5

G01 X50 Y-40

G01 X50 Y-10

G01 X-50 Y-10

G01 X-50 Y 20

G01 X 50 Y 20

G01 X 50 Y 50

G01 X-50 Y 50

G01 X-50 Y 80

G01 X 50 Y 80

M05

M09

G49 G00 Z20

T2 M06；   T02 号刀（钻孔定位）

S900 M03

142

```
G43 G00 Z5 H3
M08
G98 G81 X0 Y0 Z5 R2 F80；          定位并定义固定循环
X0 Y30
G80
G49 G00 Z20
M05；                              T03 号刀（钻安装孔）
M09
T3 M06
S450 M03
G43 G00 Z30 H4
M08
G98 G83 X0 Y0 Z42 R2 Q5 F45；     定位并定义固定循环
G80
G49 G00 Z20
M05；                              T04 号刀（钻定位孔）
M09
T4 M06
S450 M03
G43 G00 Z30 H5
M08
G98 G83 X0 Y30 Z23 R2 Q4 F45
G80
G49 G00 Z20
G00 X0 Y0
M05
M09
T5 M06；                           T05 号刀（铰安装孔）
S30 M03
G43 G00 Z30 H6
M08
G98 G81 X0 Y0 Z42 R2 F10
G80
G49 G00 Z20
M05
M09
T6 M06；                           T06 号刀（铰定位孔）
S30 M03
G43 G00 Z30 H7
M08
```

G98 G81 X0 Y30 Z23 R2 F10

G80

G49 G00 Z20

M05

M09

M30

O7412

G54 G49 G90 G80 G40 G17

T7 M06；   T07 号刀（粗铣外轮廓）

S290 M03

G00 X60 Y-50

G43 G00 Z20 H8

M08

G01 Z-25 F44

G41 G01 X60 Y-31.637 F44 D8；   半径补偿

G01 X0 Y-31.637；   切向入口

G02 X-13.019 Y-26.820 R20

G02 X-33.825 Y-4.072 R127.5

G02 X-17.275 Y43.715 R30

G02 X-9.966 Y42.660 R20

G03 X9.966 Y42.660 R20

G02 X17.275 Y43.715 R10

G02 X33.825 Y-4.072 R30

G02 X-13.019 Y-26.820 R127.5

G02 X0 Y-31.633 R20

G01 X-40 Y-31.633

G40 G01 X-60 Y-50

G49 G00 Z50

G00 X60 Y-50

G43 G00 Z20 H8

…

G40 G01 X-60 Y-50

G49 G00 Z50

S500 M03；   精铣外轮廓

G00 X60 Y-50

G43 G00 Z20 H8

G01 Z-25 F60

G41 G01 X60 Y-31.637 F44 D9

G01 X0 Y-31.637

144

G02 X-13.019 Y-26.820 R20

G02 X-33.825 Y-4.072 R127.5

G02 X-17.275 Y43.715 R30

G02 X-9.966 Y42.660 R20

G03 X9.966 Y42.660 R20

G02 X17.275 Y43.715 R10

G02 X33.825 Y-4.072 R30

G02 X-13.019 Y-26.820 R127.5

G02 X0 Y-31.633 R20

G01 X-40 Y-31.633

G40 G01 X-60 Y-50

G49 G00 Z50

M05

M09

...

T8 M06；   T08 号刀（铣上面）

S220 M03

G43 G00 Z30 H9

M08

G01 X-20 Y0 F44

G01 Z-2

G01 X20 Y0

G01 Z-4.5

G01 X-20 Y0

S500 M03

G01 Z-5

G01 X20 Y0

G49 G00 Z50

G00 X0 Y0

T9 M06；   T09 号刀（倒角）

S220 M03

G43 G00 Z30 H10

M08

G01 Z-2

G49 G00 Z50

M05；   主轴停止

M09

M30；   程序结束

5.4.2 壳体加工程序

在某加工中心上加工如图 5-32 所示的壳体零件，其材料为 HT31-52 铸铁。

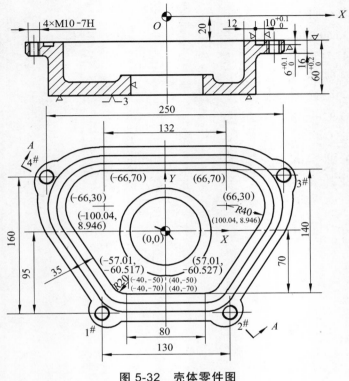

图 5-32 壳体零件图

1. 工艺分析

本零件加工内容是：铣削上表面，保证尺寸；铣槽 $10_0^{+0.1}$ mm；槽深要求为 $6_0^{+0.1}$ mm；加工 $4 \times M10$-7H。本工序之前已将中间 $\phi 80_0^{+0.054}$ mm 的孔及底面加工好，其余内、外形均不作加工。

加工路线：根据先平面后孔的原则，本工序各加工面的加工顺序是铣平面→钻 $4 \times M10$ 的中心孔钻→钻 $4 \times M10$ 的底孔→$4 \times M10$ 螺纹底孔倒角→攻螺纹 $4 \times M10$→铣 10 mm 的槽。

2. 工件的定位和夹紧

零件底面为第一定位基准，定位元件采用支承板；$\phi 80_0^{+0.054}$ mm 的孔为第二定位基准，定位元件是短圆柱定位销；零件后面为第三定位基准，定位元件采用移动定位板。夹紧方案是：通过螺钉压板从上往下将工件压紧（压板压 $\phi 80_0^{+0.054}$ mm 孔的上端面）。

3. 工件坐标系的设定

工件坐标系如图 5-32 所示，坐标系原点为 $\phi 80_0^{+0.054}$ mm 的孔轴线与零件加工平面的交点。

4. 刀具及切削用量的选择

刀具及切削用量的选择如表 5-4 和表 5-5 所示。

表 5-4　数控加工工艺卡

XXX 公司	产品型号	零件名称	零件图号	夹具名称	程序名称	材料	使用设备	编制
		壳体			O7420		TH7640	

工步号	加工内容	刀具号	刀具名称	刀具规格/mm	刀具补偿号	主轴转速/(r/min)	进给速度/(mm/min)	切削深度/mm	加工余量/mm
1	铣平面	T1	端铣刀	$\phi80$	H1、D1	280	56		
2	钻 4×M10 中心孔	T2	中心钻	$\phi3$	H2	1 000	100		
3	钻 4×M10 底孔，定槽 10 mm 中心位置	T3	钻头	$\phi8.5$	H3	500	50		
4	螺纹口倒角	T4	钻头	$\phi18(90°)$	H4	500	50		
5	攻丝 4×M10	T5	丝锥	M10×1.5	H5	60	90		
6	铣槽 10	T6	立铣刀	$\phi10^{+0.03}_{0}$	H6、D6	300	30、		

表 5-5　刀具调整卡片

XXX 公司	产品型号	零件名称	零件图号	程序名称	材料	使用设备	编制
		型腔		O7420	TH200	TH7640	

刀具号（T）	刀具名称	刀具规格/mm	刀具偏置值	用途	刀具材料
1	端铣刀	$\phi80$	H1、D1	铣平面	不重磨硬质合金
2	中心钻	$\phi3$	H2	钻 4×M10 中心孔	高速钢（HSS）
3	钻夹头	$\phi8.3$	H3	钻 4×M10 底孔，定槽 10 mm 中心位置	高速钢（HSS）
4	钻夹头（90°）	$\phi18$	H4	螺纹口倒角	高速钢（HSS）
5	丝锥	M10×1.5	H5	攻丝 4×M10	高速钢（HSS）
6	立铣刀	$\phi10^{+0.03}_{0}$	H6、D6	铣槽 10 mm	高速钢（HSS）

5. 节点和基点坐标的计算

该部分内容省略。

6. 加工程序

O7420
N10 M06 T01；　　　　　　　　　　　　换刀
N20 G90 G54 G00 X0 Y0；　　　　　　　进入加工坐标系
N40 G43 Z0 H01；　　　　　　　　　　设置刀具长度补偿
N50 S280 M03
N55 G01 Z-20.0 F40

N60 G01 Y70.0 G41 D1 F56;　　　　　　　　设置工具半径补偿

N70 M98 P0100;　　　　　　　　　　　　调铣槽子程序铣平面

N80 G40 Y0;　　　　　　　　　　　　　取消刀具补偿

N90 G00 Z0;　　　　　　　　　　　　　Z轴返回参考点换刀

N95 M06 T03

N100 G00 X-65.0 Y-95.0

N110 G43 Z0 H02 F100;　　　　　　　　设置刀具长度补偿

N120 S100 M03

N130 G99 G81 Z-24.0 R-17.0;　　　　　　钻 1#中心孔

N140 M98 P0200;　　　　　　　　　　调用子程序，钻 2#、3#、4#中心孔

N150 G80 G28 G40 Z0

N155 M06 T03;　　　　　　　　　　　换刀

N160 G43 Z0 H03 F50;　　　　　　　　设置刀具长度补偿

N170 S300 M03

N180 G99 G81 X0 Y87.0 Z-25.5 R-17.0;　　定槽上端中心位置

N190 X-65.0 Y-95.0 Z-40.0;　　　　　　钻 1#底孔

N200 M98 P0200;　　　　　　　　　　调用子程序，钻 2#、3#、4#底孔

N210 G80 G28 G40 Z0

N215 M06 T04

N220 G43 Z0 H04

N225 M03 S60

N230 G99 G82 X-65.0 Y-95.0 Z-26.0 R-17.0 P500;　1#孔倒角

N240 M98 P0200;　　　　　　　　　　调用子程序，2#、3#、4#孔倒角

N250 G80 G28 G40 Z0

N255 T05 M06

N260 G43 Z0 H05 F90

N270 M03 S60;　　　　　　　　　　　主轴启动

N280 G99 G84 X-65.0 Y-95.0 Z-40.0 R-10.0;　1#攻螺纹

N290 M98 P0722;　　　　　　　　　　调用子程序，2#、3#、4#攻螺纹

N300 G80 G28 G40 Z0 M06;　　　　　　返回换刀

N310 X-0.5 Y150.0 T00;　　　　　　　到铣槽起始点

N320 G41 D6 Y70.0;　　　　　　　　　设置刀具半径补偿

N330 G43 Z0 H06;　　　　　　　　　　设置刀具长度补偿

N340 S300 M03;　　　　　　　　　　　主轴启动

N350 X0;　　　　　　　　　　　　　到 X0 点

N360 G01 Z-26.05 F30;　　　　　　　　下刀

N370 M98 P0721;　　　　　　　　　　调铣槽子程序铣槽

N380 G28 G40 Z0

N390 G28 X0 Y0

N400 M30;	结束
O7421;	铣槽子程序
N10 X66.0 Y70.0	
N20 G02 X100.04 Y8.946 J-40.0;	切削右上方 $R40$ mm 的圆弧
N30 G01 X57.010 Y-60.527	
N40 G02 X40.0 Y-70.0 I-17.010 J10.527;	切削右下方 $R20$ mm 的圆弧
N50 G01 X-40.0	
N60 G02 X-57.010 Y-60.527 J20.0;	切削左下方 $R20$ mm 的圆弧
N70 G01 X-100.04 Y8.946	
N80 G02 X-66.0 Y70.0 I34.04 J21.054;	切削左上方 $R40$ mm 的圆弧
N90 G01 X0.5	
N100 M99	
O7422;	2#、3#、4#孔定位子程序
N1 X65.0;	2#孔位
N2 X125.0 Y65.0;	3#孔位
N3 X-125.0;	4#孔位
N4 M99	

5.4.3 端盖加工程序

端盖是机械加工常见的零件，它的工序有铣面、镗孔、钻孔、扩孔、攻螺纹等多种工序，比较典型。

1. 确定工艺方案及工艺路线

根据图纸分析和决定安装基准零件的加工要求如图 5-33 所示（毛坯上已铸有 $\phi55$ mm 的孔）。假定在卧式加工中心只加工 B 面（毛坯余量为 4 mm）和 B 面的各孔。根据图纸要求，选择 A 面为定位安装面，用弯板装夹。

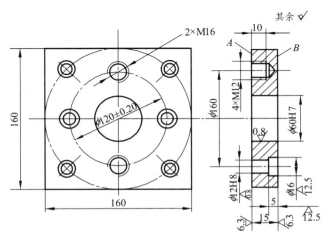

图 5-33　端盖零件图

2. 加工方法和加工路线的确定

加工时按先面后孔、先粗后精的原则。B 面加工分粗铣和精铣；ϕ60H7 的孔采用三次镗孔加工，即粗镗、半精镗和精镗。ϕ12H8 的孔按钻、扩、铰方式进行；ϕ16 mm 的孔在 ϕ12 mm 的孔的基础上增加锪孔工序；螺纹孔采用钻孔后攻丝的方法加工；螺纹孔和阶梯孔在钻前都安排打中心孔工序，螺纹孔用钻头倒角。

3. 确定工件坐标系

选 ϕ60H7 孔的中心为 XY 轴坐标原点，选距离被加工表面 30 mm 处为 Z 轴坐标原点，选距离工件表面 5 mm 处为 R 点平面。

4. 切削用量的选择

切削用量的选择如表 5-6 所示。

表 5-6 数控加工工艺卡

XXX 公司	产品型号	零件名称	零件图号	夹具名称	程序名称		材料	使用设备	编制
		端盖			O7430				
工步号	加工内容	刀具号	刀具名称	刀具规格/mm	刀具补偿号	主轴转速/(r/min)	进给速度/(mm/min)	切削深度/mm	加工余量/mm
1	粗铣 B 平面	T01	端铣刀	ϕ100	H1	300	70	3.5	0.5
2	精铣 B 平面至尺寸	T13	端铣刀	ϕ100	H13	350	50	0.5	
3	粗镗 ϕ60H7 孔至 ϕ58 mm	T02	镗刀		H2	400	60		2
4	半精镗 ϕ60H7 孔至 ϕ59.95 mm	T03	镗刀		H3	450	50		0.05
5	精镗 ϕ60H7 孔至尺寸	T04	精镗刀		H4	500	40		
6	钻 2×ϕ12H8 及 2×M16 的中心孔	T05	中心钻	ϕ3	H5	1 000	50		
7	钻 2×ϕ12H8 孔至 ϕ10 mm	T06	钻头	ϕ10	H6	600	60		2
8	扩 2×ϕ12H8 孔至 ϕ11.85 mm	T07	扩孔钻	ϕ18.5	H7	300	40		0.15
9	锪 2×ϕ16 孔至尺寸	T08	阶梯铣刀	ϕ16	H8	150	30		
10	铰 2×ϕ12H8 孔至尺寸	T09	铰刀	ϕ12H8	H9	110	40		
11	钻 2×M16 底孔至尺寸	T10	钻头	ϕ14	H10	450	60		
12	倒 2×M16 底孔端角	T11	钻头	ϕ18	H11	300	40		
13	攻 2×M16 螺纹	T12	机用丝锥	M16	H12	100	200		

5. 刀辅具的选择

刀辅具的选择如表 5-7 所示。

表 5-7 刀具调整卡

XXX 公司	产品型号	零件名称	零件图号	程序名称	材料	使用设备	编制
		端盖		O7430		TH7640	
刀具号	刀具名称	刀具规格/mm	刀具偏置	用途		刀具材料	
T01	面铣刀	$\phi100$	H1	粗铣 6.2 mm 平面			
T02	镗刀	$\phi100$	H2	粗镗 ϕ60H7 孔			
T03	镗刀		H3	半精镗 ϕ60H7 孔			
T04	微调镗刀		H4	精镗 ϕ60H7 孔至尺寸			
T05	中心钻	$\phi3$	H5	钻 $2\times\phi$12H8 及 $2\times$M16 的中心孔			
T06	锥柄钻头	$\phi10$	H6	钻 $2\times\phi$12H8 孔			
T07	锥柄扩孔钻	$\phi11.85$	H7	扩 $2\times\phi$12H8 孔			
T08	端刃立铣刀	$\phi16$	H8	锪 $2\times\phi$16 mm 孔至尺寸			
T09	铰刀	ϕ12H8	H9	铰 $2\times\phi$12H8 孔至尺寸			
T10	锥柄钻头	$\phi14$	H10	钻 $2\times$M16 底孔至 $\phi14$ mm			
T11	锥柄钻头	$\phi18$	H11	倒 $2\times$M16 底孔端角			
T12	机用丝锥	$\phi16$	H12	攻 $2\times$M16 螺纹			
T13	面铣刀	$\phi100$	H13	精铣 6.3 mm 平面			

6. 端盖的加工程序（FANUCOM 系统）

O7430
N1 G92 X0 Y0 Z0；　　　　　　　　　建立工件坐际系
N2 M06 T01；　　　　　　　　　　　刀具交换，换成端铣刀
N3 G00 G90 X0 Y0
N4 X-135.0 Y45.0
N5 S300 M03
N6 G43 Z-33.5 H01；　　　　　　　　刀具长度补偿
N7 G01 X75.0 F70；　　　　　　　　　直线插补铣削加工
N8 Y-45.0
N9 X-135.0
N10 G00 G49 Z0 M05；　　　　　　　　取消补偿
N11 M06 T13；　　　　　　　　　　　刀具交换、换成精铣刀
N12 G00 X0 Y0
N13 X-135.0 Y45.0
N14 G43 Z-34.0 H13 S350 M03

N15 G01 X75.0 F50

N16 Y-45.0

N17 X-135.0

N18 G00 G49 Z0 M05

N19 M06 T02;　　　　　　　　　　　刀具交换，换成粗镗刀

N20 G00 X0 Y0

N21 G43 Z0 H02 S400 M03

N22 G98 G81 Z-50.0 R-25.0 F60;　　　固定循环粗镗 ϕ60H7 孔

N23 G00 G49 Z0 M05

N24 G30 Y0 M06 T04

N25 Y0

N26 G43 Z0 H03 S450 M03

N27 G98 G81 Z-50.0 R-25.0 F50;　　　固定循环半精镗 ϕ60H7 孔

N28 G00 G49 Z0 M05

N29 M06 T04;　　　　　　　　　　　刀具交换，换精镗刀

N30 Y0

N3 G43 Z0 H04 S450 M03

N32 G98 G76 Z-50.0 R-25.0 Q0.2 P200 F40;　精镗 ϕ60H7 孔循环

N33 G00 G49 Z0 M05

N34 G30 Y0 M06 T05

N35 X0 Y60.0

N36 G43 Z0 H05 S1000 M03

N37 G99 G81 Z-35.0 R-25.0 F50;　　　固定循环钻中心孔

N38 X60.0 Y0

N39 X0 Y-60

N40 X-60.0 Y0

N41 G00 G49 Z0 M05

N42 G30 Y0 M05 T06;　　　　　　　刀具交换，换 ϕ10 mm 的钻头

N43 X-160.0 Y0

N44 G43 Z0 H06 S600 M03

N45 G99 G81 Z-60.0 R-25.0 F60;　　　钻孔固定循环 ϕ12H8 为 ϕ10 mm

N46 X60.0

N47 G00 G49 Z0 M05

N48 G30 Y0 M06 T07;　　　　　　　刀具交换，换 ϕ11.85 mm 的扩孔钻

N49 X-60.0 Y0

N50 G43 Z0 H07 S300 M03

N51 G99 G81 Z-60.0 R-25.0 F40;　　　扩孔固定循环

N52 X60.0

N53 G00 G49 Z0 M05

N54 G30 Y0 M06 T08；   刀具交换，换阶梯孔铣刀

N55 X-60.0 Y0

N56 G43 Z0 H08 S150 M03

N57 G99 G82 Z-35.0 R-25.0 P2000 F30；   锪孔循环，孔底循环

N58 X60.0；   锪孔循环，孔底循环

N59 G00 G49 Z0 M05

N60 G30 Y0 M06 T09；   刀具交换，换精铰刀

N61 X-60.0 Y0

N62 G43 Z0 H09 S100 M03

N63 G99 G86 Z70.0 R-25.0 F100；   铰孔循环，铰 $\phi12H8$ 孔

N64 X60.0；   铰孔循环，铰 $\phi12H8$ 孔

N65 G00 G49 Z0 M05

N66 G30 Y0 M06 T11；   刀具交换，换成 $\phi14\,mm$ 的钻头

N67 X0 Y60.0

N68 G00 G43 H10 S450 M03

N69 G99 G81 Z-60.0 R-25.0 F60；   钻 M16 底孔循环

N70 Y-60.0

N71 G00 G49 Z0 M05

N72 G30 Y0 M06 T11；   刀具交换，换倒角钻头

N73 X0 Y60.0

N74 G00 G43 H11 S300 M03

N75 G99 G84 Z-60.0 R-25.0 F200；   倒角循环，孔底暂停

N76 Y-60.0；   倒角循环，孔底暂停

N77 G00 G49 Z0 M05

N78 G30 Y0 M06 T12；   刀具交换，换成丝锥

N79 X0 Y60.0

N80 G00 G49 Z0 M05

N81 G99 G84 Z-60.0 R-25.0 F200；   攻丝循环，攻 M16 螺纹

N82 Y-60.0；   攻丝循环，攻 M16 螺纹

N83 G00 G49 Z0 M05；   取消刀补，Z 坐标回工件零点

N84 X0 Y0；   X、Y 坐标回工件零点

N85 M30；   程序结束，并返回开头

习　题

1. 请结合已掌握的工艺知识，说明如何对加工中心进行数控加工工艺性分析。

2. 加工中心上使用的工艺装备有何特点？

3. 加工中心编程与数控铣床编程有何区别？

4. 试编写如图 5-34 所示的零件的数控加工程序。

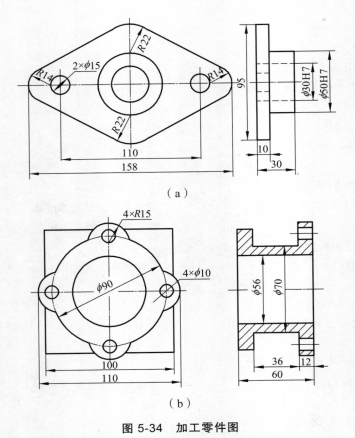

（a）

（b）

图 5-34　加工零件图

5. 编制如图 5-35 所示的盖板零件的加工工艺卡片，并根据加工工艺写出加工程序。

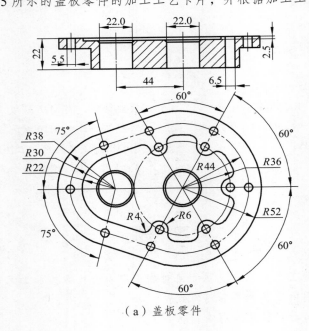

（a）盖板零件

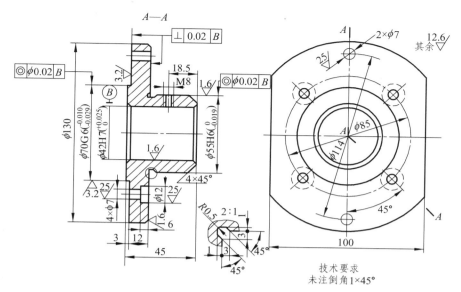

（b）法兰盘零件

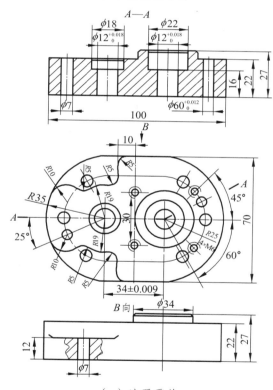

（c）油泵零件

图 5-35　加工零件图

6 典型计算机数控系统

西门子公司的 SINUMERIK 系列数控产品，自从 20 世纪 80 年代进入我国后，以较高的技术水准和质量，得到了广大用户的认可与支持，其产品具有相当的代表性和较高的市场覆盖率。目前，SINUMERIK 系列数控产品有：802S、802SE、802C、802CE、802D、810D、840D、840Di、840C 等，系统由经济型到全功能型覆盖了几乎所有的数控层面。其中，802S 和 802C 是专门为低端数控市场开发的经济型数控系统，具有很高的性价比。

6.1 概 述

6.1.1 数控系统的现状

数控技术是制造工业现代化的重要基础。这个基础是否牢固直接影响到一个国家的经济发展和综合国力，关系到一个国家的战略地位。因此，世界上各工业发达国家均采取重大措施来发展自己的数控技术。从 1952 年美国麻省理工学院研制出第一台试验性数控系统，到现在已走过了半个多世纪的历程。随着电子技术和控制技术的飞速发展，当今的数控系统功能已经非常强大，与此同时，加工技术以及一些其他相关技术的发展对数控系统的发展和进步提出了新的要求。随着计算机技术的高速发展，数控技术正在发生根本性变革，由专用型封闭式开环控制模式向通用型开放式实时动态全闭环控制模式发展。在集成化基础上，数控系统实现了超薄型、超小型化；在智能化基础上，综合了计算机、多媒体、模糊控制、神经网络等多学科技术，数控系统实现了高速、高精、高效控制，加工过程中可以自动修正、调节与补偿各项参数，实现了在线诊断和智能化故障处理；在网络化基础上，CAD/CAM 与数控系统集成为一体，机床联网，实现了中央集中控制的群控加工。

我国数控系统的开发与生产，通过引进、消化、吸收、攻关和产业化，取得了很大的进展，基本上掌握了关键技术，建立了数控开发、生产基地，培养了一批数控人才，初步形成了自己的数控产业。特别是在通用微机数控领域，以 PC 机平台为基础的国产数控系统，已经走在了世界前列。同时，具有中国特色的经济型数控系统经过这些年来的发展，产品的性能和可靠性有了较大的提高，逐渐被用户认可。但是，我国在数控技术研究和产业发展方面还存在不少问题，特别是在技术创新能力、商品化进程、市场占有率等方面，我国的数控系统与国外相比还存在相当大的差距。

6.1.2 数控系统的组成

数控系统由硬件和软件两部分组成。硬件主要由中央处理单元 CPU、存储器、位置控制、输入/输出接口、可编程控制器、图形控制、电源等模块组成。

CPU 是数控系统的核心，在数控系统中常用的有 8 位、16 位、32 位的 CPU；存储器分为 EPROM 和 RAM，EPROM 主要用来存储数控系统的控制软件，RAM 主要用来存储用户零件程序和数据；输入/输出接口主要是键盘、显示器等人机对话设备的接口电路以及数据接口电路；可编程控制器用于实现对开关量的控制；位置控制装置是实现对驱动装置控制的电路；电源模块是数控系统硬件的重要组成部分，也是在机床维修中常常出现问题的部分。

数控系统的软件结构取决于数控装置中软件和硬件的分工，也取决于软件本身的工作性质。系统软件包括管理软件和控制软件，管理软件由输入/输出程序、显示程序和诊断程序等组成，其作用是监测系统状态并提供基本操作管理，又称为监控软件。控制软件由译码程序、刀具补偿计算程序、速度控制程序、插补运算程序和位置控制程序等组成。

数控系统的工作是在硬件的支持下执行软件的过程，完好的硬件、完善的软件是机床正常工作的必要条件。

6.1.3 数控系统的功能

数控系统的功能包括基本功能和选择功能，基本功能是作为数控系统必备的功能；选择功能是供用户根据机床特点和工作用途自行选择的功能。

1. 基本功能

（1）控制功能主要反映在 CNC 系统能够控制以及能够同时控制的轴数（即联动轴数）。控制轴有移动轴和回转轴，有基本轴和附加轴。数控车床一般有两个联动轴（X 轴和 Z 轴），数控铣床和加工中心一般有 3 个或 3 个以上的控制轴。控制轴数越多，特别是联动轴数越多，CNC 系统就越复杂。

（2）准备功能是指定机床动作方式的功能，主要有基本移动、程序暂停、坐标平移、坐标设定、刀具补偿、固定循环、基准点返回、公英制转换和绝对值增量值转换等。

（3）插补功能是指数控系统可以实现的插补加工线型的能力，如直线插补、圆弧插补和其他二次曲线与多坐标插补能力。

（4）进给功能包括切削进给、同步进给、快速进给、进给倍率等。它反映刀具的进给速度，通过指令来指定。

（5）刀具功能用来选择刀具，通过指令来指定。

（6）主轴功能用来指定主轴转速，通过指令来指定，包括转数和转向。

（7）辅助功能用来规定主轴的启停和转向、切削液的接通和断开、刀库的启停、刀具的更新、工件的夹紧和松开等，通过指令指定。

（8）字符显示功能。数控系统可通过软件和接口在显示器上实现字符显示，如显示程序、参数、各种补偿量、坐标位置和故障信息等。

（9）自诊断功能。数控系统有各种诊断程序，可以防止故障的发生和扩大。在故障出现后可以迅速查明故障的类型和部位，减少因故障引起的停机时间。

2. 选择功能

（1）补偿功能。数控系统可以备有补偿功能，对加工过程中由于刀具磨损或更换造成的误差等予以补偿。

（2）固定循环功能是指数控系统为典型加工工步所编制的、可以多次循环的加工功能。固定循环使用前，由用户选择合适的切削用量和重复次数等参数，然后按固定循环约定的功能进行加工。

（3）图形显示功能一般需要高分辨率的显示器，可以显示人机对话界面、零件图形、动态刀具轨迹等。

（4）通信功能。数控系统通常备有 RS-232 接口，有的还备有 DNC 接口，设有缓冲存储器，可以按文本格式输入，也可以按二进制格式输入，进行高速传输。有些数控系统还能与制造自动协议 MAP 相连进入工厂通信网络，以适应 FMS、CIMS 的要求。

（5）人机对话编程。有些数控系统带有人机对话编程功能，有助于编制复杂零件的加工程序，而且可以方便编程。

6.1.4　数控系统的特点

1.　灵活性大

与硬件逻辑数控装置相比，灵活性是数控系统的主要特点，只要改变软件，就可以改变和扩展其功能，补充新技术，延长使用寿命。

2.　通用性强

在数控系统中，硬件有多种通用的模块化结构，而且易于扩展，并且结合软件变化来满足机床的各种不同要求。接口电路标准化，用一种数控系统可以满足多种数控机床的要求。

3.　可靠性高

大规模和超大规模集成电路的使用，使可靠性得到很大提高。

4.　可以实现丰富的功能

由于计算机的快速计算能力，可以实现许多复杂的数控功能，如高次曲线插补、动静态图形显示、多种补偿功能、数字伺服控制功能。

5.　使用维护方便

有些系统含有对话编程、图形编程、自动在线补偿功能，使编程工作简单方便，而且编好的程序可以显示，通过模拟运行，将工件和刀具的轨迹显示出来，很容易检查程序是否正确。数控系统含有诊断程序，使维修非常方便。

6.　易于实现机电一体化

数控系统结构紧凑、硬件尺寸小，与机床结合为一体，占据空间小，操作方便。由于通信功能的增强，易于组成数控加工自动线，如柔性加工单元、柔性制造系统、直接数字控制和计算机集成制造系统等。

6.1.5　数控系统的发展趋势

1. 数控系统向开放式体系结构发展

20世纪90年代以来，由于计算机技术的飞速发展，极大地推动了数控技术的更新换代。世界上许多数控系统生产厂家利用PC机丰富的软、硬件资源开发开放式体系结构的新一代数控系统。开放式体系结构使数控系统有更好的通用性、柔性、适应性、可扩展性，并可以较容易地实现智能化、网络化。开放式体系结构的新一代数控系统，其硬件、软件和总线规范都是对外开放的，数控系统制造商和用户可以根据这些开放的资源进行系统集成，同时它也为用户根据实际需要灵活配置数控系统带来极大方便，促进了数控系统多档次、多品种的开发和广泛应用，开发生产周期大大缩短。同时，这种数控系统可随CPU升级而升级，而结构可以保持不变。

2. 数控系统向软数控方向发展

软数控系统是一种最新开放体系结构的数控系统。它提供给用户最大的选择和灵活性，它的CNC软件全部装在计算机中，而硬件部分仅是计算机与伺服驱动和外部I/O之间的标准化通用接口。就像计算机中可以安装各种品牌的声卡和相应的驱动程序一样。用户可以在Windows NT平台上，利用开放的CNC内核，开发所需的各种功能，构成各种类型的高性能数控系统。通过软件智能代替复杂的硬件，正在成为当代数控系统发展的重要趋势。

3. 数控系统控制性能向智能化方向发展

智能化是21世纪制造技术发展的一个大方向。随着人工智能在计算机领域的渗透和发展，数控系统引入了自适应控制、模糊系统和神经网络的控制机理，不但具有自动编程、前馈控制、模糊控制、学习控制、自适应控制、工艺参数自动生成、三维刀具补偿、运动参数动态补偿等功能，而且人机界面极为友好，并具有故障诊断专家系统，使自诊断和故障监控功能更趋完善。伺服系统智能化的主轴交流驱动和智能化进给伺服装置，能自动识别负载并自动优化调整参数。

4. 数控系统向网络化方向发展

数控系统从控制单台机床到控制多台机床的分级式控制需要网络进行通信；网络的主要任务是进行通信，共享信息。这种通信通常分3级：① 工厂管理级，一般由以太网组成；② 车间单元控制级，一般由DNC功能进行控制；③ 现场设备级，用总线相连接。目前，在工业上采用的现场总线有Profi Bus-DP、SERCOS、JPCN-1、Deviconet、CAN、Hter Bus-S、Marco等。目前，比较常用的是Profi Bus-DP，西门子最新推出802D的伺服控制就是由Profi Bus-DP控制的。

5. 数控系统向高可靠性方向发展

随着数控机床网络化应用的日趋广泛，数控系统的高可靠性已经成为数控系统制造商追求的目标。数控系统的可靠性要高于被控设备的可靠性一个数量级以上，当前国外数控装置的平均无故障运行时间已达6 000 h以上，驱动装置达30 000 h以上，但是距理想的目标还有差距。

6. 数控系统向复合化方向发展

在零件加工过程中有大量的无用时间消耗在工件搬运、上下料、安装调整、换刀和主轴的升降速上，为了尽可能降低这些无用时间，人们希望将不同的加工功能整合在同一台机床上，因此，复合功能的机床成为近年来发展很快的机种。柔性制造范畴的机床复合加工概念是指将工件一次装夹后，机床便能按照数控加工程序，自动进行同一类工艺方法或不同类工艺方法的多工序加工，以完成一个复杂形状零件的主要乃至全部的加工工序。

7. 数控系统向多轴联动化方向发展

实现了对机床运动的控制并不意味着就可以加工任何零件，在许多情况下，需要对机床的多个运动同时、协调地进行控制，才能达到加工要求，这就是所谓的多轴联动。由于在加工自由曲面时，5 轴联动控制对球头铣刀的数控编程比较简单，并且能使球头铣刀在铣削三维曲面的过程中始终保持合理的切速，从而可以显著改善加工表面的粗糙度和大幅度提高加工效率，因此，各大系统开发商不遗余力地开发 5 轴、6 轴联动数控系统，随着 5 轴联动数控系统和编程软件的成熟和日益普及，5 轴联动控制的加工中心和数控铣床已经成为当前的一个开发热点。

6.2 SIEMENS 802S/C base line 简介

西门子公司在 20 世纪 90 年代推出了专门针对低端 CNC 市场的经济型数控系统——SINUMERIK 802S，后来又相继推出了 802C、802S/C base line。802S/C base line 是一种先进的经济型 CNC 系统，采用 32 位微处理器，具有高度集成于一体的数控单元、操作面板、机床操作面板和输入/输出单元，结构紧凑，具有很高的性价比。它专门为中国市场开发，启动数据少，安装调试简便、快捷，具有中英文菜单显示，操作编程简单方便，使生产过程灵活快速。因此，SINUMERIK 802S/C 在经济型数控机床上得到了广泛应用。

6.2.1 SINUMERIK 802S/C base line 的功能

SINUMERIK 802S/C base line 的功能如表 6-1 所示。

表 6-1　SINUMERIK 802S/C base line 的功能

功　　能	802S base line	802C base line
步进驱动器	+	
伺服驱动器		+
进给轴/主轴（最多）	3/1	3/1
线性插补轴（最多）	3	3
增量旋转测量系统	1	1
RS232C 串行接口	1	1
操作面板和机床控制面板	集成式	集成式

功　能	802S base line	802C base line
软　键	5	5
加工循环支持	+	+
语言（随时转换）	英文/中文	英文/中文
电子手轮（附件）	2	2
零点偏置	+	+
间隙补偿	+	+
螺距误差补偿	+	+
测量误差补偿	+	+
特定加工程序子循环	+	+
最大输入/输出点数	48/16	48/16
报警及信息	+	+

6.2.2　SINUMERIK 802S/C base line 的特性

SINUMERIK 802S/C base line 是专门为中国数控机床市场而开发的经济型 CNC 控制系统。其特性如下：

（1）结构紧凑，机床调试配置数据少，系统与机床匹配更快速、更容易。

只需按照系统安装调试手册配置少量系统参数和 PLC 参数即可使机床与系统相匹配，如坐标轴参数、主轴参数、回参考点参数等。随机提供的工具盒软件包含了这些参数的备份文件，当参数数据丢失时可以通过 RS232 接口迅速恢复，使机床的安装调试和维修更加简单。

（2）简单而友好的编程界面，保证了生产的快速进行，优化了机床的使用。

802S/C base line 具有中英文菜单显示，并可以随时切换，支持轮廓编程和固定循环。操作面板和机床控制面板提供了所有的数控操作、编程和机床控制动作的按键，同时还提供带有 LED 的用户自定义键。工作方式选择、进给速度修调、主轴速度修调、数控启动、数控停止、系统复位均采用按键形式进行操作。

（3）具有良好的性价比。

802S/C base line 具有多种补偿功能和监控功能，如丝杠螺距误差补偿、背隙补偿、速度监控、轮廓监控等，以提高系统的速度、精度和安全性能。802S/C base line 提供多种编程方法和工作方式选择，使操作更加灵活方便，完全能够满足经济型数控机床的要求，具有良好的性价比。

6.3　SIEMENS 802S/C base line 数控系统的组成

802S/C base line 和其他数控系统一样，由硬件和软件两部分组成。

6.3.1 硬件组成

802S/C base line 的硬件组成如图 6-1 所示，包括下列几个部分：

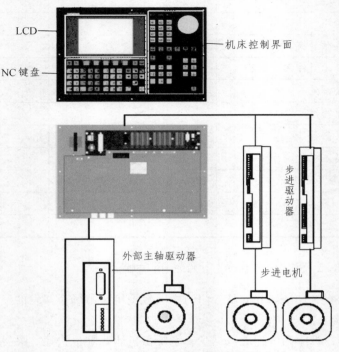

图 6-1 802S/C base line 的硬件组成

1. CNC 控制器

802S/C base line 采用集成式、紧凑型 CNC 控制器，操作键盘、机床控制界面、NC 单元和输入/输出模块集成于一体。

操作键盘采用人机工程设计，单手操作，提供了数控操作和编程的所有按键，5 个水平菜单键，配置 8 英寸液晶显示器。机床控制界面提供控制机床动作的所有按键和 12 个带 LED 的用户自定义键、急停按钮、进给率修调旋钮及主轴修调旋钮。

该数控系统采用 32 位微处理器 AM486DE2，具有 8M 静态存储器和 4M FLASH 存储器，采用最先进的硬件技术及 SMD 制造工艺；24 V 直流供电，带有全部接口，出厂设定为车床，并在车床上预装了 PLC 应用程序。

该数控系统提供 48 位数字量输入（DC 24 V），高电平为 DC 15 ~ 30 V，耗电流为 2 ~ 15 mA。16 位数字量输出（DC 24 V），高电平最大驱动能力为 0.5 A，总电流 4 A，即同时系数为 0.5。输入/输出均采用端子连接，光电隔离。

2. 驱动系统

802S base line 使用 STEPDRIVE C 或 STEPDRIVE C + 驱动系统，使用最大驱动扭矩 12 N·m 的五相混合式步进电机，AC 85 V 电源。802C base line 使用伺服进给驱动 SIMODRIVE 611U 或 SIMODRIVE base line 带 1FK7 系列伺服电机。

162

3. 电　缆

连接 CNC 控制器到步进电机驱动器的电缆，为驱动器提供脉冲、方向和使能信号。

连接步进电机驱动器到步进电机的电缆，为电机的动力电缆。

6.3.2　软件组成

802S/C base line 由以下软件组成：

1. 位于 CNC 中的永久存储器中的软件

（1）引导软件（BOOT 软件）。

引导软件把系统软件从永久存储器装载到用户存储器（DRAM）中并启动系统。

（2）人机通信软件（MMC 软件）。

人机通信软件执行所有操作功能。

（3）数控核心软件（NCK 软件）。

数控核心软件执行所有 NC 功能，该软件控制一个最多带 3 个进给轴和一个主轴的 NC 通道。

（4）可编程逻辑控制器软件（PLC 软件）。

可编程逻辑控制器软件循环执行内装 PLC 用户程序。

（5）内装 PLC 用户程序实例。

内装 PLC 用户程序实例已将 802S/C 与机床功能相组合。

2. 工具盒软盘

（1）通信工具软件。

用于 NC 和 PC 通信的工具软件 WINPCIN 可以传送各种系统数据。其有两种文件类型：文本格式和二进制格式。

（2）铣床初始化文件和固定循环文件。

铣床初始化文件 TECHMILL.INI 为铣床设定文件，在调试开始时应先装载该文件；固定循环文件包括车削固定循环和铣削固定循环，只有装载固定循环程序后才可以使用加工循环编程。

（3）PLC 编程工具。

PLC 编程工具用于传送和修改用户 PLC 程序，802S/C base line 出厂前已经内装了 PLC 实例应用程序，如果实例程序满足机床的要求则不需要编写 PLC 程序；否则可以在此基础上编写自己的 PLC 应用程序。

（4）用户报警文本生成工具。

用户报警文本生成工具用于生成用户报警的报警文本。

SINUMERIK 802S/C base line 控制软件已经存储在数控部分的 Flash-EPROM（闪存）上，Toolbox 软件工具（调整所用的软件工具）包含在标准的供货范围内。系统不再需要电池，免维护设计，采用电容，可防止掉电引起的数据丢失。

6.3.3 系统的连接

由于 802S/C base line 是一种集成的数控系统，所以其系统接线非常简单，802S base line 与 STEPDRIVE C/C + 和步进电机的连接如图 6-2 所示。802C base line 与伺服驱动 SIMODRIVE 611U 和伺服电机的连接如图 6-3 所示。

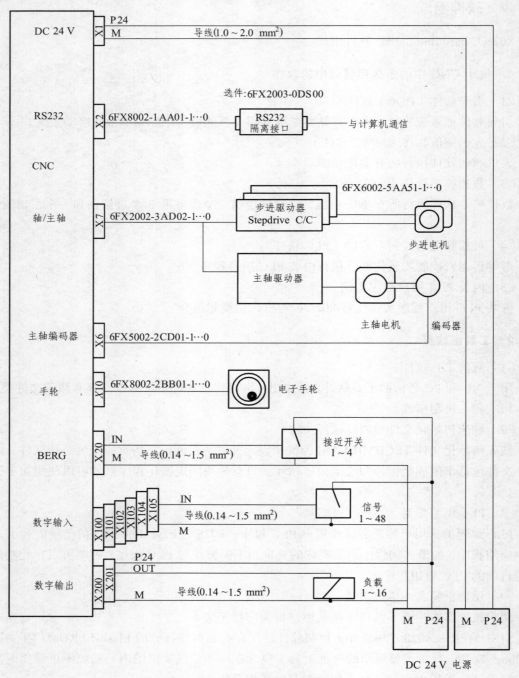

图 6-2 802S base line 系统接线

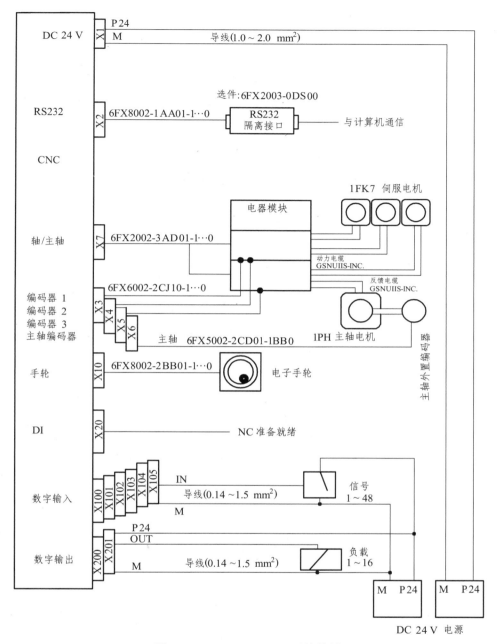

图 6-3　802C base line 系统接线

X1 为电源端子，是系统 24 V 直流电压输入端。L + 接直流 24 V，M 接地。直流 24 V 电压由外部提供。

X2 为 RS232 接口，用来与外部设备进行数据通信，如数据备份、执行外部程序、编写 PLC 程序等。

X3 ~ X6 为编码器信号输入端。其中，X3 ~ X5 仅用于 802C base line。

X7 为驱动信号输出端，提供各进给轴及主轴的脉冲、方向和使能信号给驱动器。

X10 为手轮接口，可以在外部连接两个手轮。

X20 为高速输入接口，用以输入来自接近开关的参考点脉冲信号。

X100 ~ X105 为 48 位数字输入接口。高电平为 DC 15 ~ 30 V，耗电流为 2 ~ 15 mA，低电平为 DC -3 ~ 5 V。

X200 ~ X201 为 16 位数字输出接口。高电平为 DC 24 V，0.5 A，漏电流小于 2 mA，同时系数为 0.5。

6.4 SIEMENS 802S/C base line 编程实例

6.4.1 802S/C base line 编程指令

SIEMENS 802S/C base line 编程操作详见该设备配套的《操作和编程》。由于大部分常用指令和 JB3208-83 的规定一致，所以在此仅对部分指令加以介绍。

1. 可设定的零点偏置：G54 ~ G57、G500、G53

可设定的零点偏置给出工件零点在机床坐标系中的位置（工件零点以机床零点为基准偏移），如图 6-4 所示。当工件装夹到机床上后，求出偏移量，并通过操作面板输入到规定的数据区。程序可以提供相应的 G 功能（G54 ~ G57）激活此值。

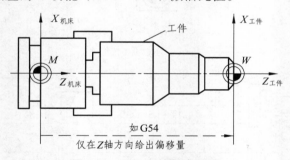

图 6-4　可设定的零点偏置

G54：第一可设定零点偏置；

G55：第二可设定零点偏置；

G56：第三可设定零点偏置；

G57：第四可设定零点偏置；

G500：取消可设定零点偏置，模态有效；

G53：取消可设定零点偏置，程序段方式有效，可编程的零点偏置也一起取消。

例如：

N10 G54;　　　　　　　　　　　　　　　调用第一可设定零点偏置

N20 …;　　　　　　　　　　　　　　　　加工工件

⋮

N90 G500 G0 X…;　　　　　　　　　　　取消可设定零点偏置

166

2. 可编程的零点偏置和坐标轴旋转：G158、G258、G259

如果工件上在不同的位置有重复出现的形状或结构，或者选用了一个新的参考点，就可以使用可编程的零点偏置和坐标轴旋转，如图 6-5 所示，产生一个当前工件坐标系，新输入的尺寸均是在该坐标系中的数据尺寸。

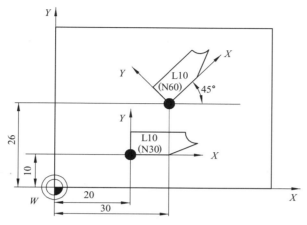

图 6-5　可编程零点偏移和旋转举例

用 G158 可以对所有坐标轴编程零点偏移。用 G258 可以在当前工作平面中编程一个坐标轴旋转，后面的 G158 或 G258 指令取代所有前面的可编程零点偏置和坐标轴旋转指令。G259指令可以在当前工作平面中编程一个坐标轴旋转，如果已经有一个 G158、G258 或 G259 指令有效，则在 G259 指令下编程的旋转附加到当前的坐标轴偏置或旋转上。如果在程序段中仅输入 G158 指令而后面不跟坐标轴名称或者在 G258 指令后没有 RPL = …时，表示取消当前的可编程零点偏移和旋转。这些指令都要求一个独立的程序段。如以下介绍的程序段：

N10 G17；　　　　　　　　　　　　　　　　　　*X/Y* 平面

N20 G158 X20 Y10；　　　　　　　　　　　　　可编程零点偏移

N30 …

N50 G158 X30 Y26；　　　　　　　　　　　　　新的零点偏置

N60 G259 RPL = 45；　　　　　　　　　　　　　附加坐标轴旋转 45°

N70 …

N80 G158；　　　　　　　　　　　　　　　　　取消偏移和旋转

3. 循　环

循环是指用于特定加工过程的工艺子程序，如用于钻削、毛坯切削等，循环在用于各种具体加工过程时只要改变参数就可以。常用的循环如下：

（1）LCYC95 毛坯切削循环。

用此循环可以在坐标轴平行方向加工由子程序编程的轮廓，可以进行纵向和横向加工，也可以进行内外轮廓的加工；可以选择不同的切削工艺方式，如粗加工、精加工或者综合加工，只要刀具不发生碰撞就可以在任意位置调用此循环。调用之前需要在所调用的程序中激活刀具补偿参数。LCYC95 的时序过程如图 6-6 所示，表 6-2 为循环所用各参数的含义。

167

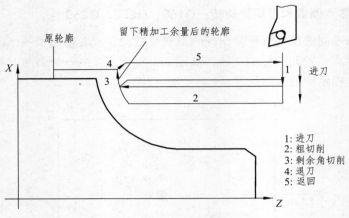

原轮廓

留下精加工余量后的轮廓

1: 进刀
2: 粗切削
3: 剩余角切削
4: 退刀
5: 返回

图 6-6　LCYC95 的时序过程

表 6-2　LCYC95 的参数

参　数	含义及数值范围
R105	加工类型，数值为 1~12
R106	精加工余量
R108	切入深度，无符号
R109	粗加工切入角，在端面加工时该值必须为零
R110	粗加工时的退刀量
R111	粗切进给率
R112	精切进给率

加工类型分为纵向加工/横向加工、内部加工/外部加工、粗加工/精加工/综合加工，如表 6-3 所示。在纵向加工时进刀总是在横向坐标轴方向，在横向加工时，进刀则在纵向坐标轴方向。

表 6-3　加工类型

数　值	纵向/横向	内部/外部	粗/精/综合加工
1	纵向	外部	粗加工
2	横向	外部	粗加工
3	纵向	内部	粗加工
4	横向	内部	粗加工
5	纵向	外部	精加工
6	横向	外部	精加工
7	纵向	内部	精加工
8	横向	内部	精加工
9	纵向	外部	综合加工
10	横向	外部	综合加工
11	纵向	内部	综合加工
12	横向	内部	综合加工

在子程序中编程待加工的工件轮廓，循环通过变量_CNAME 名下的子程序名调用子程序。轮廓由直线或圆弧组成，并可以插入圆角和倒角，编程的圆弧段最大可以为 1/4 圆弧。轮廓中不允许包含退刀槽切削，否则将会发出报警。轮廓的编程方向必须与精加工时选择的加工方向一致。

（2）LCYC97 螺纹切削循环。

螺纹切削循环可以按纵向或横向加工形状为圆柱体或圆锥体的外螺纹或内螺纹，在螺纹加工期间，进给修调开关和主轴修调开关均无效。

LCYC97 循环的参数及其含义如表 6-4 所示，图 6-7 给出了各参数含义的示意图。其中，R100 和 R101 表示螺纹起始点的坐标值；R102 和 R103 表示螺纹终点坐标值；R105 为加工类型；1 代表外螺纹；2 代表内螺纹。

表 6-4 LCYC97 的参数

参　　数	含义及数值范围
R100	螺纹起始点直径
R101	螺纹起始点纵向轴坐标
R102	螺纹终点直径
R103	螺纹终点纵向轴坐标
R104	螺纹导程值，无符号
R105	加工类型，1 代表外螺纹，2 代表内螺纹
R106	精加工余量，无符号
R109	空刀导入量，无符号
R110	空刀退出量，无符号
R111	螺纹深度，无符号
R112	起始点偏移，无符号
R113	粗加工切削次数
R114	螺纹头数

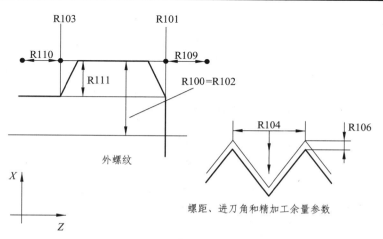

图 6-7 LCYC97 参数示意图

（3）LCYC75 矩形槽、键槽、圆形凹槽铣削循环。

设定相应的参数，利用该循环可以铣削一个与轴平行的矩形槽、键槽或者圆形凹槽。循环加工分为粗加工和精加工。如果设定凹槽长度＝凹槽宽度＝两倍的圆角半径，则可以铣削一个直径为凹槽长度的圆形凹槽。LCYC75 的参数及其含义如表 6-5 所示，图 6-8 为部分参数含义的示意图。

表 6-5　LCYC75 的参数

参　　数	含义及取值范围
R101	退回平面（绝对平面）
R102	安全距离
R103	参考平面（绝对平面）
R104	凹槽深度（绝对值）
R116	凹槽中心横坐标
R117	凹槽中心纵坐标
R118	凹槽长度
R119	凹槽宽度
R120	拐角半径
R121	最大进刀深度
R122	深度进刀进给率
R123	表面加工进给率
R124	表面加工的精加工余量
R125	深度加工的精加工余量
R126	铣削方向，2 代表 G2，3 代表 G3
R127	铣削类型，1 代表粗加工，2 代表精加工

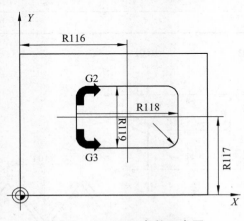

图 6-8　LCYC75 参数示意图

其他的固定循环还有：

LCYC82：钻孔、沉孔加工；

170

LCYC83：深孔钻削；

LCYC840：带补偿夹具的螺纹切削；

LCYC840：不带补偿夹具的螺纹切削；

LCYC85：镗孔；

LCYC93：凹槽切削；

LCYC94：凹凸切削；

LCYC60：线性孔排列；

LCYC61：圆弧孔排列。

6.4.2 编程实例

例 6-1 根据图 6-9 编写程序。

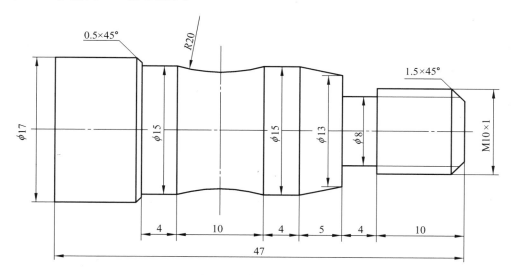

图 6-9　加工零件图

主程序 EXAM1.MPF（注：主程序后缀名为.MPF）如下：

N000 G54 T1；	使用可设定的零点偏置，外圆车刀
N010 G158 Z90；	用可编程的零点偏置将工件坐标系偏置到工件端面
N020 M03 S1000；	主轴正转，转速 1 000 r/min
N030 G94 F80；	设定 G1 进给率为 80 mm/min
N040 G0 X20；	快速移动到 X20
N050 Z0	
N060 G1 X-1；	直线插补到 X-1
N070 G0 X20 Z10	
N080 _CNAME="SUB1"；	调用子程序 "SUB1"

N090 R105=9;　　　　　　　　　　加工类型　数值 1～12

N100 R106=0.2;　　　　　　　　　精加工余量，无符号

N110 R108=1.5;　　　　　　　　　切入深度，无符号

N120 R109=0;　　　　　　　　　　粗加工切入角　　　　设置毛坯切削循环参数

N130 R110=2;　　　　　　　　　　粗加工时的退刀量

N140 R111=80;　　　　　　　　　 粗切进给率

N150 R112=60;　　　　　　　　　 精切进给率

N160 LCYC95;　　　　　　　　　　LCYC95 毛坯切削循环

N170 G0 X20

N180 Z100

N190 T2 S400 G94 F15;　　　　　　换切断刀

N200 G0 X16

N210 Z-14

N220 G1 X8

N230 G0 X15

N240 Z-13

N250 G1 X8

N260 G0 X15

N270 Z100

N280 T3;　　　　　　　　　　　　换螺纹刀

N290 G0 X20

N300 Z-23

N310 G1 X15 G94 F60

N320 G2 X15 Z-33 CR=20;　　　　　顺时针圆弧插补，半径为 $R20\,mm$（编程时为后置刀架）

N330 G0 X20 Z50

N350 R100=10;　　　　　　　　　 螺纹起始点直径

N360 R101=0;　　　　　　　　　　纵向轴螺纹起始点

N370 R102=10;　　　　　　　　　 螺纹终点直径

N380 R103=－10;　　　　　　　　 纵向轴螺纹终点

N390 R104=1;　　　　　　　　　　螺纹导程值，无符号

N400 R105=1;　　　　　　　　　　加工类型数值 1、2

N410 R106=0.05;　　　　　　　　 精加工余量，无符号　　　　　设置

N420 R109=2;　　　　　　　　　　空刀导入量，无符号　　　　　螺纹

N430 R110=2;　　　　　　　　　　空刀退出量，无符号　　　　　切削

N440 R111=0.65;　　　　　　　　 螺纹深度，无符号（通常螺纹深度为：0.65×螺距）循环

N450 R112=0;　　　　　　　　　　起始点偏移，无符号　　　　　参数

N460 R113=8;　　　　　　　　　　粗切削次数，无符号

N470 R114=1;　　　　　　　　　　螺纹头数，无符号

N480 LCYC97;　　　　　　　　　　LCYC97 螺纹切削循环

N490 G0 X20

N500 Z100

N510 T2

N520 G0 X20

N530 Z-50；　　　　　　　　　　切断加工好的工件

N540 G1 X-1

N550 G0 X30

N560 Z200

N570 M2；　　　　　　　　　　程序结束

毛坯切削循环的子程序 SUB1.SPF（注：子程序后缀名为 .SPF）如下：

N000 G1 X7 Z0

N010 X10 Z-1.5

N020 Z-14

N030 X13

N040 X15 Z-19

N050 Z-37

N060 X16

N070 X17 Z-37.5

N080 Z-47

N090 X18

N100 M17；　　　　　　　　　　子程序结束

6.4.3　铣床编程实例

例 6-2　根据图 6-10 编写程序，刀具半径为 4 mm。

加工程序如下：

N000 G54 T1；　　　　　　　　　使用可设定零点偏置 G54

N010 M03 S1500 F200；　　　　　主轴正转 1 500 r/min

N020 G0 X50 Y0

N030 Z-2

N040 G158 X0Y0

N050 G1 G42 X34.6 Y5

N060 G258 RPL=0；　　　　　　　使用可编程的坐标轴旋转，RPL 为旋转角度

N070 L10；　　　　　　　　　　 调用程序名为 L10 的子程序

N080 G258 RPL=90

N090 L10

N100 G258 RPL=180

N110 L10

N120 G258 RPL=270

N130 L10

N140 G1 G40 X50 Y0

N150 Z5

N160 G0 X0 Y0 Z5

N170 R101 = 5;　　　　　　　　　返回平面（绝对平面）

N180 R102 = 2;　　　　　　　　　安全距离

N190 R103 = 0;　　　　　　　　　参考平面（绝对平面）

N200 R104 = -2;　　　　　　　　凹槽深度（绝对数值）

N210 R116 = 0;　　　　　　　　　凹槽圆心横坐标

N220 R117 = 0;　　　　　　　　　凹槽圆心纵坐标

N230 R118 = 20;　　　　　　　　凹槽长度

N240 R119 = 20;　　　　　　　　凹槽宽度

N250 R120 = 10;　　　　　　　　拐角半径

N260 R121 = 2;　　　　　　　　　最大进刀深度

N270 R122 = 60;　　　　　　　　深度进刀进给率

N280 R123 = 100;　　　　　　　表面加工的进给率

N290 R124 = 0.2;　　　　　　　表面加工的精加工余量

N300 R125 = 0.1;　　　　　　　深度加工的精加工余量

N310 R126 = 2;　　　　　　　　　铣削方向，数值范围 2（G2）、3（G3）

N320 R127 = 2;　　　　　　　　　铣削类型，数值范围 1（粗加工）、2（精加工）

N330 LCYC75;　　　　　　　　　LCYC75 铣槽循环

N340 G0 Z50

N350 M2

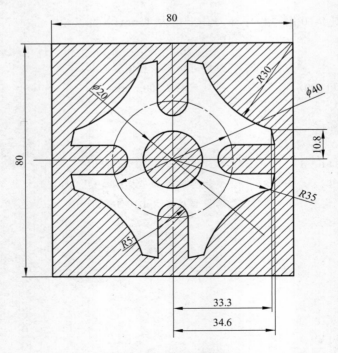

图 6-10　加工零件图

174

6.5 SIEMENS 802S/C base line 机床操作

6.5.1 操作面板结构

802S/C base line 具有集成式操作面板，面板分成 3 个区域：LCD 显示器、NC 键盘和机床控制界面 MCP，如图 6-11 所示。

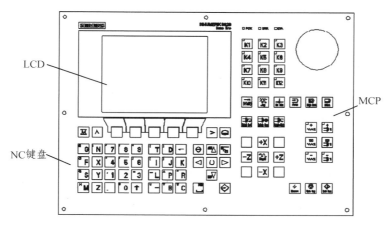

图 6-11 802S/C base line 的集成式操作面板

操作面板上常用按键及其功能如表 6-6 所示。

表 6-6 部分常用按键及其功能

按 键	功 能	按 键	功 能
	软键	Spindle Stop	主轴停
	回车输入键	Spindle Right	主轴反转
Reset	复位键	Spindle Left	主轴正转
Cycle Stop	数控停止键		区域转换键
Cycle Start	数控启动键	M	加工显示键
K1 … K12	用户自定义键	Ref Point	回参考点键
Jog	点动方式键	+X −X	X 轴方向键
Auto	自动方式键	+Z −Z	Z 轴方向键
MDA	手动数据键	Rapid	快速叠加键
>	菜单扩展键	∧	菜单返回键

802S/C base line 控制器的基本功能可以划分为 5 个操作区域：加工、参数、程序、通信、诊断，系统提供了丰富的软键功能，使操作更加方便，重要的软键功能如图 6-12 所示。

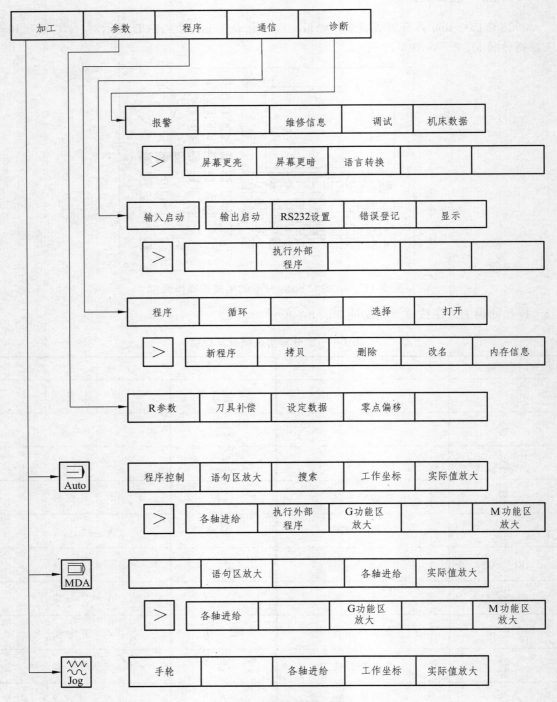

图 6-12　重要的软键功能

6.5.2 开机和回参考点

系统开机后首先进入"加工"操作区，在 JOG 运行方式，出现"回参考点"窗口，如图 6-13 所示。

回参考点操作步骤如下：

（1）按机床控制面板上的"回参考点"键，执行回参考点功能。屏幕出现回参考点窗口，如图 6-13 所示。

（2）按机床控制面板上的坐标轴方向键使每个坐标轴逐一回参考点。如果选择了错误的回参考点方向，坐标轴不会产生运动。

○ 表示坐标轴未到达参考点；

◑ 表示坐标轴已到达参考点。

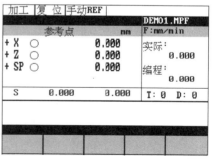

图 6-13 "回参考点"窗口

6.5.3 参数设定

在数控系统工作之前，必须通过参数的输入和修改对机床、刀具等进行调整。这些参数包括零点偏置参数、刀具参数和刀具补偿参数等。

1. 零点偏置参数

在回参考点之后，实际值存储器以及实际值的显示均以机床零点为基准，而工件的加工程序则以工件零点为基准，这之间的差值就作为可设定的零点偏移量输入。

通过操作软键"参数"和"零点偏移"可以选择零点偏置。屏幕显示可设定零点偏置的情况，如图 6-14 所示。把光标移到待修改的区域，输入数值。

2. 刀具参数

刀具参数包括刀具几何参数、磨损量参数和刀具型号参数。打开刀具补偿参数窗口，显示刀具的补偿数据，如图 6-15 所示，可以按软键"<<T"或"T>>"选择刀具，移动光标到要修改的区域，输入相应的数值，按回车键确认。

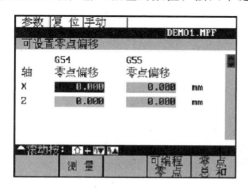

图 6-14 "零点偏置"窗口

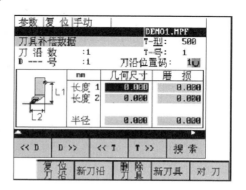

图 6-15 "刀具补偿参数"窗口

以车刀为例，刀具未知的几何长度可以 L1 和 L2 表示，可以按以下方法确定：换入该刀具，在 JOG 方式下移动刀具使刀尖到达一个已知坐标值的机床位置（可以是一个尺寸已知的工件上的一点），其坐标值可以分为两部分：可存储的零点偏置和偏移值，如图 6-16 所示。

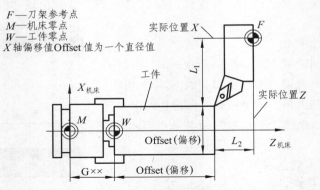

F—刀架参考点
M—机床零点
W—工件零点
X 轴偏移值 Offset 值为一个直径值

图 6-16　计算车刀长度补偿

按对刀键，出现对刀窗口，如图 6-17 所示。将偏移值输入到选中的区域，选择相应的零点偏置（G54～G57 中的一个），没有零点偏置时选择 G500，按"计算"键，控制器利用 F 点的实际位置（机床）、偏移值和所选择的零点偏置，可以在所选的坐标轴方向计算出刀具的几何长度。计算出的补偿值被自动存储，按"确认"键完成对刀过程。对所有的坐标轴分别进行登记。

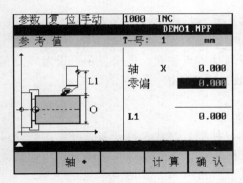
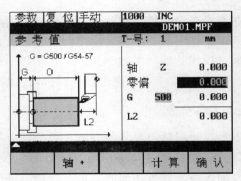

图 6-17　对刀窗口

6.5.4　工作方式

1. JOG（点动）方式

通过机床控制面板上的"JOG"键选择 JOG 运行方式，屏幕显示 JOG 状态图，如图 6-18 所示。

在此方式下，操作相应的坐标轴方向键可以使坐标轴点动运行，只要相应的键一直按着，坐标轴就连续不断地以设定数据中规定的速度运行。需要时可以通过修改开关调节运行速度。

2. MDA（手动数据输入）方式

通过机床控制面板上的手动数据输入键可以选择 MDA 方式，屏幕显示 MDA 状态图，如图 6-19 所示。

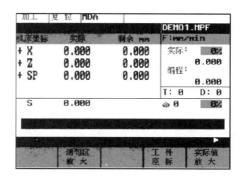

图 6-18　JOG 方式　　　　　　　　　图 6-19　MDA 方式

在此方式下，可以通过操作面板输入一个零件程序段，按数控启动键执行程序段，但不能加工由多个程序段描述的轮廓，如倒圆、倒角等。执行完毕后，输入区的内容仍保留，可以按数控启动键再次重新执行，输入一个字符则删除输入的程序段。

3. AUTO（自动）方式

通过机床控制面板上的"AUTO"（自动）方式键选择自动运行方式，屏幕显示 AUTO（自动）方式状态图，显示当前的位置、进给值、主轴转速、刀具号以及当前的程序段，如图 6-20 所示。

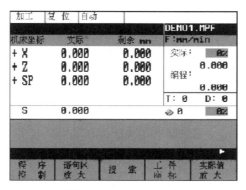

图 6-20　AUTO 方式

在此方式下，零件程序可以完全自动加工执行，这也是零件加工中正常使用的方式。

6.5.5　零件程序的输入和执行

选择"程序"操作区，打开"程序"窗口，显示零件程序目录，如图 6-21 所示。

按"新程序"软键，出现一对话窗口，在此输入新的主程序或子程序名。主程序扩展名.MPF可以自动输入，而子程序扩展名.SPF 必须与文件名一起输入。按确认键接收输入的文件名，现在就可以对新程序进行编辑了。

执行零件程序时，应选择自动方式，在零件程序目录中选择要执行的程序，如有必要可以通过程序控制窗口确定程序运行状态，按"程序控制"软键，显示程序控制窗口如图 6-22所示。按数控启动键执行零件程序。

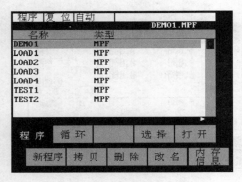

图 6-21 "程序"窗口

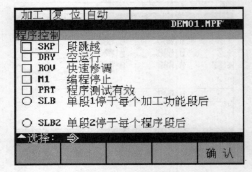

图 6-22 "程序控制"窗口

注意在执行程序前必须调整好系统和机床，注意机床生产厂家的安全说明。系统也可以通过 RS232 接口执行外部设备输入的程序。

习　题

1. 简述数控系统的现状和发展趋势。

2. 802S/C base line 数控系统有什么特点？

3. 802S/C base line 数控系统由哪几部分组成？各部分的功能是什么？

4. 802S/C base line 数控系统分别可以提供多少输入/输出点？

5. 802S base line 和 802C base line 有什么区别？

6. 802S/C base line 提供哪些常用的固定循环？分别实现什么功能？

7. 简述 802S/C base line 数控系统回参考点的过程。

8. 可设定的零点偏置有什么作用？如何设置？

9. 何谓车刀的长度补偿？系统如何计算长度补偿值？

10. 802S/C base line 数控系统常用的工作方式有哪几种？

11. 简述零件程序的输入和执行过程。

7 基于 CAD/CAM 交互式图形编程的应用

7.1 CAD/CAM 技术介绍

7.1.1 CAD/CAM 技术的定义

计算机的出现和发展，实现了将人类从脑力劳动解放出来的愿望。早在三四十年前，计算机就已作为重要的工具，辅助人类承担一些单调、重复的劳动，如辅助数控编程、工程图样绘制等。在此基础上逐渐出现了计算机辅助设计（Computer Aided Design，CAD）、计算机辅助工艺过程设计（Computer Aided Process Planning，CAPP）及计算机辅助制造（Computer Aided Manufacturing，CAM）、CAD/CAM 一体化等概念。

1. 计算机辅助设计

计算机辅助设计是指工程技术人员以计算机为辅助工具来完成产品设计过程中的各项工作，达到提高产品设计质量、缩短产品开发周期、降低产品成本的目的。

计算机辅助设计可帮助设计人员完成诸如数值计算、产品性能分析、实验数据处理、计算机辅助绘图、仿真及动态模拟等工作，它将改变传统的设计方法，由静态和线性分析向动态和非线性分析、可行性设计向优化设计过渡，并极大地提高生产效率。

2. 计算机辅助工艺过程设计

计算机辅助工艺过程设计是指工艺人员借助计算机，根据产品设计阶段给出的信息和产品制造工艺要求，交互地或自动地确定产品的加工方法和方案，如加工方法选择、工艺路线确定、工序设计等。

3. 计算机辅助制造

计算机辅助制造有广义和狭义两种定义。广义的 CAM 是指借助计算机来完成从生产准备到产品制造出来的过程中的各项活动，包括工艺过程设计（CAPP）、工装设计、计算机辅助数控加工编程、生产作业计划、制造过程控制、质量检测与分析等。狭义的 CAM 通常是指 NC 程序编制，包括刀具路径规划、刀位文件生成、刀具轨迹仿真及 NC 代码生成等。

4. CAD/CAM 一体化

制造中所需的信息和数据许多来自设计阶段，许多数据和信息对制造和设计来说是共享的。实践证明，将计算机辅助设计和制造作为一个整体来规划和开发，可以取得更明显的效益，这就是所谓的"CAD/CAM 一体化技术"。尽管目前许多企业的 CAD/CAM 技术还不能直接传送给与其相关的其他系统，但随着生产技术的发展，不同功能的 CAD 和 CAM 模块的信息将能够相互传递，最终把 CAD 和 CAM 功能融合为一体。

CAD/CAM 一体化是指将传统的设计与制造彼此相对分离的任务作为一个整体来考虑，以计算机作为主要技术手段，帮助人们处理各种信息，进行产品的设计与制造，实现信息处理的高度一体化，如图 7-1 所示。

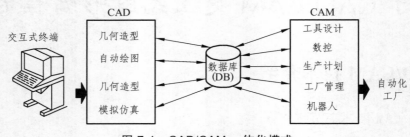

图 7-1　CAD/CAM 一体化模式

7.1.2　CAD/CAM 技术的发展历程

在 CAD 软件发展初期，CAD 的含义仅仅是图板的替代品，即 CAD 意指 Computer Aided Drawing（or Drafting），而不是现在的 Computer Aided Design。CAD 技术以二维绘图为主要目标的算法一直持续到 20 世纪 70 年代末期，以后作为 CAD 技术的一个分支而相对单独、平稳地发展。早期应用较为广泛的 CAD/CAM 软件，近十年来占据绘图市场主导地位的是 Autodesk 公司的 AutoCAD 软件。在当今我国的 CAD 用户特别是初期 CAD 用户中，二维绘图仍然占有相当大的比重。

20 世纪 60 年代出现的三维 CAD 系统只是极为简单的线框式系统。这种初期的线框造型系统只能表达基本的几何信息，不能有效表达几何数据间的拓扑关系。由于缺乏形体的表面信息，CAM 及 CAE 均无法实现。

进入 20 世纪 70 年代，法国雷诺公司的贝赛尔提出了贝赛尔算法，使得人们在用计算机处理曲线及曲面问题时，能在二维绘图系统 CADAM 的基础上，开发出以表面模型为特点的自由曲面建模方法。曲线曲面建模使计算机辅助设计技术从单纯模仿工程图纸的三视图模式中解放出来，首次实现以计算机完整描述产品零件的主要信息，同时也使得 CAM 技术的开发有了现实的基础，改变了以往只能借助油泥模型来近似准确表达曲面的落后的工作方式。

曲面造型系统带来的技术革新，使汽车开发手段比旧的模式有了质的飞跃，新车型开发速度也大幅度提高，许多车型的开发周期由原来的 6 年缩短到只需约 3 年。CAD 技术给使用者带来了巨大的好处及颇丰的收益，汽车工业开始大量采用 CAD 技术。

有了表面模型，CAM 的问题可以基本解决。但由于表面模型技术只能表达形体的表面信息，难以准确表达零件的其他特性，如质量、重心、惯性矩等，对 CAE 十分不利，最大的问题在于分析的前处理特别困难。20 世纪 80 年代初，出现了世界上第一个完全基于实体造型技术的大型 CAD/CAE 软件——IDEAS。由于实体造型技术能够精确表达零件的全部属性，在理论上有助于统一 CAD、CAE、CAM 的模型表达，给设计带来了很大的方便。

进入 20 世纪 80 年代中期，出现了一种比无约束自由造型更新颖、更好的算法——参数化实体造型方法。它的主要特点是：基于特征、全尺寸约束、全数据相关、尺寸驱动设计修改。

20 世纪 80 年代末，计算机技术迅猛发展，硬件成本大幅度下降。进入 90 年代，参数化技术变得比较成熟起来，充分体现出其在许多通用件、零部件设计上存在的简便易行的优势。

参数化技术的成功应用，使得它在 1990 年前后几乎成为 CAD 业界的标准，许多软件厂商纷纷起步追赶。但是参数化是全尺寸约束，即设计者在设计初期及全过程中，必须将形状和尺寸联合起来考虑，并且通过尺寸约束来控制形状，通过尺寸的改变来驱动形状的改变，一切以尺寸（即所谓的参数）为出发点。一旦所设计的零件形状过于复杂，面对满屏幕的尺寸，如何改变这些尺寸以达到所需要的形状就很不直观；再者，如在设计中关键形体的拓扑关系发生改变，失去了某些约束的几何特征也会造成系统数据混乱。SDRC 的开发人员以参数化技术为蓝本，提出了一种比参数化技术更为先进的实体造型技术——变量化技术。SDRC攻克了在欠约束的情况下，通过方程联立求解和在软件上的实现，形成了一整套独特的变量化造型理论及软件开发方法。变量化技术既保持了参数化技术的原有优点，同时又克服了它的许多不利之处。

7.1.3　CAD/CAM 的基本内容

传统的生产流程如图 7-2 中的虚线框所示的内容，首先根据市场需要进行产品的设计。产品的设计过程是通过创造、分析和综合以达到满足某特定功能要求的一种活动。设计过程大致如下：

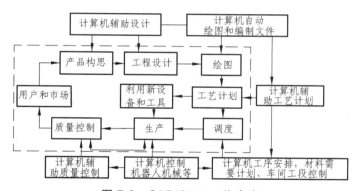

图 7-2　CAD/CAM 工作内容

（1）产品的设计要求一经确定，依据经验、实验数据以及有关产品的标准规范等创建设计模型。

（2）对模型进行分析计算优化，不断改进模型，直到比较满足设计目标为止。

（3）进行结构设计，绘出产品图纸，有时因结构方面的原因需要对设计模型进行修改。

（4）编制技术文档。

（5）进行产品试制、样机试验和性能考核。

然后根据产品图纸和技术文件进行生产准备工作，编制工艺规程，设计工、夹、量具，制订计划、安排生产，生产过程中需对产品进行质量控制，产品出厂后根据用户的要求对产品进行改进。

在上述设计和生产过程中，下列几方面的工作显得特别烦琐、复杂：

（1）工程数据处理。这些数据涉及材料、设备、结构和工艺等方面的标准规范、经验和试验数据，不仅数据量大，而且数据的类型、属性和形式也是多种多样的，设计过程中需要对这些数据进行存取、加工、传递、检查等操作。

（2）图形绘制。图纸是工程师的语言，是表达和记录设计的主要方式。概念设计阶段，需要快速地设计产品的模型和系统的布局，生成和编辑有关图形；结构设计阶段，需要绘制大量的工程图纸。

（3）数值计算。凭借计算器，采用材料力学、结构力学提供的近似公式进行计算，已满足不了产品发展的需要，必须采用现代设计方法，进行较精确、快速的分析计算。

计算机可以较好地胜任上述工作：它可以大量地存储数据，快速检索和处理数据；具有很强的构造模型和图形处理能力，以及高速运算和逻辑分析能力；可完成复杂的工程分析计算。

在生产过程中，计算机可以辅助人们进行的工作如图 7-2 虚线框外所示的内容。计算机可以有效地辅助设计人员进行产品的构思和模型的构造（概念设计）；工程分析计算和优化；不必经样机试制，可在计算机上对设计的产品性能进行模拟仿真；计算机辅助绘制工程图纸和文档编辑；辅助工艺人员和管理人员编制工艺规程，制订生产计划和作业调度计划；控制工作机械（机床、机器人等）工作，并在加工过程中进行质量控制等。

在 CAD/CAM 系统中，进行科学计算有时可达到可视化效果，也就是在计算过程中，将计算结果转换为几何图形及图像信息，在屏幕上显示出来并进行交互处理，对计算过程进行干预和引导，发现和理解科学计算过程中出现的各种现象。

7.1.4　CAD/CAM 系统总体结构

CAD/CAM 一体化系统可实现产品设计和制造各技术功能模块之间的信息传输和存储，并对各功能模块进行管理和组织运行，总体结构如图 7-3 所示。

CAD/CAM 一体化系统是建立在计算机系统上，在操作系统和网络软件的支持下运行的 CAD/CAM 软件系统。数据库管理系统、图形系统、软件工具直接依赖于计算机的操作系统和网络软件，形成 CAD/CAM 软件系统的支撑环境。

（1）数据库管理系统用于集中管理 CAD/CAM 系统的所有数据文件，实现用户对数据库的共享，保证数据的一致性。

（2）图形系统主要用于建立产品的几何模型、进行外形设计、绘制工程图，以及生成各种图像。它也是交互式设计系统的基础和核心。

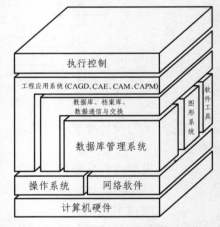

图 7-3　CAD/CAM 系统总体结构

（3）软件工具主要包括用于编制各种 CAD/CAM 应用软件所需的高级语言编译系统、文字处理系统、用户界面等。

在上述支撑软件的支持下，建立数据库和档案库，形成 CAD/CAM 软件系统的核心层。数据库是一体化系统集成的核心、应用程序的统一接口，它把应用程序之间复杂的网状链接关系简化为以数据库为核心的并联关系。档案库实际上是 CAD/CAM 一体化系统的一个特殊的数据库集，用于一体化系统的全部技术文档的存档和管理。

通过接口程序，实现 CAD/CAM 软件系统核心层与各工程应用系统之间的数据通信、转换和交换。工程应用系统包括计算机辅助几何设计（CAGD）、计算机辅助工程分析（CAE）、计算机辅助制造（CAM）和计算机辅助计划管理（CAPM）等。

各工程应用系统、数据库和档案库等可在上述支撑环境下运行。如图 7-3 所示，它们也可以直接在操作系统的支持下运行，也就是可处于未经集成的应用程序的使用状态。

各工程应用系统实现执行控制，包括对内负责协调参数模块间的关系，对外为用户提供统一的使用界面，解决系统可能出现的问题。执行控制程序通常采用菜单式屏幕格式操作，用户可以通过它实现应用程序的输入数据准备，调用接口程序和应用程序进行输出数据的处理、对数据库和文档系统进行操作等。

7.1.5 CAD/CAM 系统应具备的功能

一个比较完善的 CAD/CAM 系统是由数值计算与处理、交互绘图与图形输入/输出、存储和管理设计制造信息的工程数据库三大模块组成。近十年来，国际上推出的商用 CAD/ CAM 系统种类繁多，功能近似或有一定差异。分析十几种通用的 CAD/CAM 系统，归纳其主要功能如下：

1. 几何造型

几何造型能够描述基本几何实体（如大小）及实体间的关系（如几何信息），能够进行图形、图像的技术处理。

几何造型包括实体造型（Solid Modeling）和曲面造型（Surface Modeling）。系统应具有定义和生成体素的能力，以及用 CSG（几何体素构造法）或 Brep（边界表示法）构造实体模型的能力。系统还应具有根据给定的离散数据和工程问题的边界条件，来定义、生成、控制和处理过渡曲面与非矩形域曲面的拼合能力，提供曲面造型技术。

几何建模技术是 CAD/CAM 系统的核心，它为产品的设计、制造提供基本数据和原始信息。系统应具有动态显示模型、消隐、彩色浓淡处理的能力，以便设计者能直接观察、构思和检验产品模型，解决三维几何模型设计的复杂空间布局问题。

2. 计算分析

计算分析包括几何特征（如体积、表面积、质量、重心位置、转动惯量等）和物理特征（如应力、温度、位移等）的计算分析。如图形处理中变换矩阵的运算；几何造型中体素之间的交、并、差运算；工艺规程设计中工序尺寸、工艺参数的计算；结构分析中应力、温度、位移等物理量的计算等，为系统进行工程分析和数值计算提供必要的基本参数。因此，要求 CAD/CAM 系统对各类计算分析的算法正确、全面，而且数据计算量大，还要有较高的计算精度。

3. 工程绘图

工程绘图是 CAD 系统的重要环节，是产品最终结果的表达方式。CAD/CAM 系统有处理二维图形的能力，包括基本图元的生成、标注尺寸、图形编辑（比例变换、平移、拷贝、删除等），除此之外，系统还应具备从几何造型的三维图形直接向二维图形转换的功能。

4. 结构分析

CAD/CAM 系统中结构分析常用的方法是有限元法，这是一种数值近似解方法，用来解决结构形状比较复杂零件的静态、动态特性计算，以及强度、振动、热变形、磁场、温度场强度、应力分布状态等的计算分析。

5. 优化设计

CAD/CAM 系统应具有优化求解的功能，也就是在某些条件的限制下，使产品或工程设计中的预定指标达到最优。优化设计包括总体方案的优化、产品零件结构的优化、工艺参数的优化等。优化设计是现代设计方法学中的一个重要的组成部分。

6. 计算机辅助工艺规程设计（CAPP）

设计的目的是为了加工制造，而工艺设计是为产品的加工制造提供指导性的文件。因此，CAPP 是 CAD 与 CAM 的中间环节。CAPP 系统应当根据建模后生成的产品信息及制造要求，人机交互或自动决策出加工该产品所采用的加工方法、加工步骤、加工设备及加工参数。CAPP 的设计结果一方面能被生产实际应用，生成工艺卡片文件；另一方面能直接输出信息，为 CAM 中的 NC 自动编程系统接收、识别，直接转换为刀位文件。

7. NC 自动编程

系统应具有三、四、五坐标机床加工产品零件的能力，并能在图形显示终端上识别、校核刀具轨迹和刀具干涉，以及对加工过程的模态进行仿真。

8. 模拟仿真

模拟：根据设计要求，建立一个工程设计的实际系统模型，如机构、机械手、机器人。

仿真：通过对系统模型的试验运行，研究一个存在的或设计中的系统，通常有加工轨迹仿真，机构运动学仿真，机器人仿真，工件、机床、刀具、夹具的碰撞及干涉检验等。目的在于预测产品的性能，模拟产品的制造过程、可制造性，避免损坏，减少制造投资。

9. 工程数据管理及信息传输与交换

由于 CAD/CAM 系统中数据量大、种类繁多，又不是孤立的系统，因此，CAD/CAM 系统应能提供有效的管理手段，支持工程设计与制造全过程的信息传输与交换。随着并行作业方式的推广应用，还存在着几个设计者或工作小组之间的信息交换问题，因此，CAD/CAM 系统应具备良好的信息传输管理功能和信息交换功能。

10. 先进的二次开发工具

任何一种通用 CAD 系统，不可能同时满足各行各业、各种情况的需要，因此，CAD 系统提供先进、实用的二次开发工具是非常必要的。

7.1.6 目前流行的 CAD/CAM 软件

CAD/CAM 技术经过几十年的发展，先后走过大型机、小型机、工作站、微机时代，每个时代都有当时流行的 CAD/CAM 软件。现在，工作站和微机平台 CAD/CAM 软件已经占据主导地位，并且出现了一批比较优秀、比较流行的商品化软件。

1. Unigraphics（UG）

UG 是 Unigraphics Solutions 公司的拳头产品。该公司首次突破传统的 CAD/CAM 模式，为用户提供了一个全面的产品建模系统。在 UG 中，优越的参数化和变量化技术与传统的实体、线框和表面功能结合在一起，这一结合被实践证明是强有力的，并被大多数 CAD/CAM 软件厂商所采用。UG 最早应用于美国麦道飞机公司。它是从二维绘图、数控加工编程、曲面造型等功能发展起来的软件。20 世纪 90 年代初，美国通用汽车公司选中 UG 作为全公司的 CAD/CAE/CAM/CIM 主导系统，这进一步推动了 UG 的发展。1997 年 10 月，Unigraphics Solutions 公司与 Intergraph 公司签约，合并了后者的机械 CAD 产品，将微机版的 SOLIDEDGE 软件统一到 Parasolid 平台上，由此形成了一个从低端到高端，兼有 Unix 工作站版和 Windows NT 微机版的较完善的企业级 CAD/CAE/CAM/PDM 集成系统。

2. AutoCAD

AutoCAD 是 Autodesk 公司的主导产品。Autodesk 公司是世界第四大 PC 软件公司。目前在 CAD/CAE/CAM 工业领域内，该公司是拥有全球用户最多的软件供应商，也是全球规模最大的基于 PC 平台的 CAD 和动画及可视化软件企业。Autodesk 公司的软件产品已被广泛应用于机械设计、建筑设计、影视制作、视频游戏开发以及 Web 网的数据开发等重大领域。AutoCAD 是当今最流行的二维绘图软件，它在二维绘图领域拥有广泛的用户群。AutoCAD 有强大的二维功能，如绘图、编辑、剖面线和图案绘制、尺寸标注以及二次开发等功能，同时有部分三维功能。AutoCAD 提供 AutoLISP、ADS、ARX 作为二次开发的工具。在许多实际应用领域（如机械、建筑、电子）中，一些软件开发商在 AutoCAD 的基础上已开发出许多符合实际应用的软件。

3. Cimatron

CimatronCAD/CAM 系统是以色列 Cimatron 公司的 CAD/CAM/PDM 产品，是较早在微机平台上实现三维 CAD/CAM 全功能的系统。该系统提供了比较灵活的用户界面，拥有优良的三维造型、工程绘图，全面的数控加工，各种通用、专用数据接口以及集成化的产品数据管理功能。

CimatronCAD/CAM 系统自从 20 世纪 80 年代进入市场以来，在模具制造业备受欢迎。近年来，Cimatron 公司为了在设计制造领域发展，着力增加了许多适合设计的功能模块，每年都有新版本推出，市场销售份额增长很快。1994 年，北京宇航计算机软件有限公司（BACS）开始在国内推广 Cimatron 软件，从 8 版本起进行了汉化，以满足国内企业不同层次技术人员的应用需求。用户覆盖机械、铁路、科研、教育等领域。

4. Pro/Engineer

Pro/Engineer 系统是美国参数技术公司（Parametric Technology Corporation，PTC）的产品。PTC 公司提出的单一数据库、参数化、基于特征、全相关的概念改变了机械 CAD/CAE/

CAM 的传统观念，这种全新的概念已成为当今世界机械 CAD/CAE/CAM 领域的新标准。利用该概念开发出来的第三代机械 CAD/CAE/CAM 产品 Pro/Engineer 软件能将设计至生产全过程集成到一起，让所有的用户能够同时进行同一产品的设计制造工作，即实现所谓的并行工程。

Pro/Engineer 系统的主要功能如下：

（1）真正的全相关性，任何地方的修改都会自动反映到所有相关地方。

（2）具有真正管理并发进程、实现并行工程的能力。

（3）具有强大的装配功能，能够始终保持设计者的设计意图。

（4）容易使用，可以极大地提高设计效率。Pro/Engineer 系统用户界面简洁，概念清晰，符合工程人员的设计思想与习惯。整个系统建立在统一的数据库上，具有完整而统一的模型。Pro/Engineer 建立在工作站上，系统独立于硬件，便于移植。

5. CATIA

CATIA 最早是由法国达索飞机公司研制的，后来属于 IBM 公司，是一个高档 CAD/CAM/CAE 系统，广泛用于航空航天、汽车等领域。它采用特征造型和参数化造型技术，允许自动指定或由用户指定参数化设计、几何或功能化约束的变量式设计。根据其提供的 3D 线架，用户可以精确地建立、修改与分析 3D 几何模型。其曲面造型功能包含了高级曲面设计和自由外形设计，用于处理复杂的曲线和曲面定义，并有许多自动化功能。CATIA 提供的装配设计模块可以建立并管理基于 3D 零件和约束的机械装配件，自动地对零件间的连接进行定义，便于对运动机构进行早期分析，大大加速了装配件的设计，后续应用则可利用此模型进行进一步设计、分析和制造。CATIA 具有一个 NC 工艺数据库，存有刀具、刀具组件、材料和切削状态等信息，可自动计算加工时间，并对刀具路径进行重放和验证，用户可通过图形化显示来检查和修改刀具轨迹。该软件的后处理程序支持铣床、车床和多轴加工。

6. MasterCAM

MasterCAM 是一种应用广泛的中低档 CAD/CAM 软件，由美国 CNC Soft-ware 公司开发，运行于 Windows 或 Windows NT 系统。该软件三维造型功能稍差，但操作简便实用，容易学习。其加工选项使用户具有更大的灵活性，如多曲面径向切削和将刀具轨迹投影到数量不限的曲面上等功能。该软件还包括 C 轴编程功能，可顺利将铣床和车削结合；其他功能，如直径和端面切削、自动 C 轴横向钻孔、自动切削与刀具平面设定等，有助于零件的高效生产。其后处理程序支持铣削、车削、线切割、激光加工以及多轴加工。另外，MasterCAM 提供多种图形文件接口，如 SAT、IGES、VDA、DXF 等。

7.1.7 CAD/CAM 技术应用的重要性及应用领域

据统计，机械制造领域的设计工作有 56% 属于适应性设计，20% 属于参数化设计，只有24%属于创新设计。某些标准化程度高的领域，参数化设计达到 50% 左右。上述数据说明，工程技术人员的大部分时间和精力是消耗在重复性工作或局部小修小改之中，不可能有充沛的精力去从事创造性劳动，也不会有足够的时间去学习掌握新知识和新技能，久而久之，人的创造性思维能力也会随着日复一日、年复一年的重复与烦琐的劳动而萎缩。尤其在市场竞争激烈的条件下，很难适应发展的需要。因此，使设计方法及设计手段科学化、系统化、现代化，实现 CAD/CAM 是非常必要的。

编制工艺规程是设计、制造过程中生产技术准备工作的重要环节，过去一直是工艺人员手工完成，不仅效率低，而且依附于人的技能和经验，很难获得最佳方案。同时，与产品设计一样，也存在着烦琐而重复的密集型劳动束缚工艺人员、难以从事创造性开拓工作的问题。因此，迫切需要 CAPP 技术。

在制造阶段，从机械制造行业来看，50 件以下的小批量生产约占 75%。据统计，一个零件在车间的平均停留时间中，只有 5% 的时间是在机床上，而在 5% 的时间中，又只有 30% 的时间用于切削加工。由此可见，零件在机床上的切削时间只占零件在车间停留时间的 1.5%。要提高零件的加工效率、改善经济性，就要减少零件在车间的流通时间和在机床上装卸、调整、测量、等待切削的时间。而做到这一点必须综合考虑生产的管理、调度，以及零件的传送和装卸方法等多方面因素。这需要通过计算机辅助人们作全面安排，控制加工过程。

CAD/CAM 系统充分发挥计算机及其外围设备的能力，将计算机技术与工程领域中的专业技术结合起来，实现产品的设计、制造，这已成为新一代生产及技术发展的核心技术。随着计算机硬件和软件的不断发展，CAD/CAM 系统的性价比不断提高，使得 CAD/CAM 技术的应用领域也不断扩大。

航空航天、造船、机床制造都是国内外应用 CAD/CAM 技术较早的工业部门。首先是用于飞机、船体、机床零部件的外形设计；然后进行一系列的分析计算，如结构分析、优化设计、仿真模拟；最后根据 CAD 的几何数据与加工要求生成数据加工程序。机床行业应用 CAD/CAM 系统进行模块化设计，实现了对用户特殊要求的快速响应制造，缩短了设计制造周期，提高了整体质量。电子工业应用 CAD/CAM 技术进行印刷电路板生产与集成电路生产。在土木建筑领域，引入 CAD 技术，可节约方案设计时间约 90%、投标时间约 30%、重复绘制作业费约 90%。除此之外，CAD 技术还可用于轻纺服装行业的花纹图案与色彩设计、款式设计、排料放样及衣料裁剪；人文地质领域的地理图、地形图、矿藏勘探图、气象图、人口分布密度图以及有关的等值线图、等位面图的绘制；电影电视中动画片及特技镜头的制作等许多方面。

7.1.8　CAD/CAM 应用层次

根据 CAD/CAM 应用实质、应用技术，可以将 CAD/CAM 的应用分为 4 个层次：

1. 形体设计

形体设计即利用 CAD/CAM 软件进行产品的几何形体设计。在这一层次中，我们只是利用计算机进行二维或三维绘图设计，相当于只是简单的代替图板。

2. 产品优化设计

这一层次是在进行形体设计的基础上通过各种分析计算使产品提高性能、降低成本，如对产品进行 CAE 分析。

3. 信息共享、协同设计（并行工程）

并行工程是对产品及其相关过程（包括制造过程和支持过程）进行并行、集成设计的一种系统化的工作模式，使开发者一开始就要考虑到整个产品生命周期中从概念形成到产品报废处理的所有要素，包括质量、成本、进度计划以及用户要求等。

并行工程的本质是分析和优化产品开发过程，在信息集成的基础上实现过程的集成。通过并行工程可以实现各种信息的共享，各个部门之间协同工作，如图7-4所示。

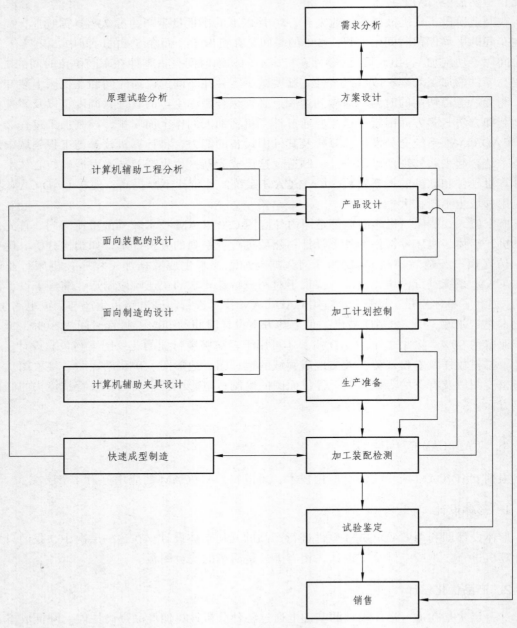

图 7-4　并行工程

4. 在 CIMS 环境下的产品设计

CIMS（Computer Integrate Manufacturing System）是计算机集成制造系统的缩写，它指的是以企业为对象，借助计算机和信息技术，使经营决策、产品设计与制造、生产经营管理有机地结合为一个整体，从而缩短产品开发、制造周期，提高产品质量及生产率，充分利用企业的各种资源，获得更高的经济效益。图 7-5 是 CIMS 中的概念划分及关系。

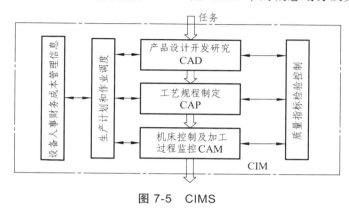

图 7-5　CIMS

CIMS 的主要特征是除了信息交流实现高度的集成外，在物料流、刀具流等方面也进行集成。CIMS 作为一门高新技术，也处于不断发展和变化之中，一些新思想和新技术也被引入到 CIMS 中来，CAD/CAM 技术也将成为 CIMS 系统的一个重要组成部分。

7.2　CAD/CAM 建模技术

建模就是以计算机能够理解的方式，对实体进行确切的定义，赋予一定的数学描述，再以一定的数据结构形式对所定义的几何实体加以描述，从而在计算机内部构造一个实体模型。

CAD 建模技术发展到现在常见的建模方法有线框建模、曲面建模、实体建模、特征建模、产品数据建模、行为建模等。

几何建模是一种通过计算机表示、分析、控制和输出几何实体的建模技术，常见的几何建模技术有线框建模、曲面建模、实体建模、特征建模。

1. 线框建模

这种模型是以形体的棱边或交线作为形体的数据结构来定义的。以图 7-6（a）所示的六面体为例，该六面体由 12 条棱边来定义，而每一条棱边由其两个端点的坐标值充分必要地定位。一个六面体一共只有 8 个点。这种数据模型实际就是规定各点的坐标和每根棱边的两个端点。对于平面形体，其轮廓线与棱边是一致的，所以线框模型可以较清楚地表示一个形体的形状。但对于曲面体，光画出其棱边并不能完整地表示这个形体的形状，如图 7-6（b）最右侧的图形所示的圆柱形。为了直观地表示圆柱的形状，可在圆柱面上添加母线，母线的数量由用户自己设置。

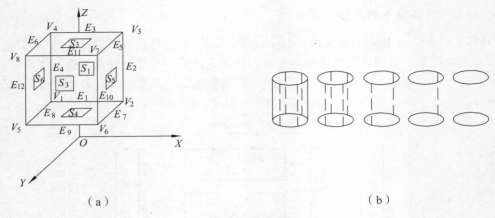

（a）　　　　　　　　　　（b）

图 7-6　线框建模

用这种方法建立的物体模型比较容易处理，而且数据存储量小，对硬件的要求不高，易于掌握。这种模型曾广泛应用于工厂或车间布局、管路敷设、运动机构的模拟、产品几何形状的粗略设计和有限元网格的自动生成等方面。但是，线框模型是用棱边来表示物体的形状，信息不完整，它没有规定哪些是面和实体，故用线框模型无法得到剖面图、消除隐藏线和求两个形体间的交线，也无法根据线框模型进行物性计算和编制数控加工指令等。

2. 曲面建模

曲面建模是将物体分解成组成物体的表面、边线和顶点，用顶点、边线和表面的有限集合来表示和建立物体的计算机内部模型。若把线框模型中的某些棱边包围的部分定义为面，所形成的就是曲面模型；反映在数据结构中，就是在线框模型的数据结构的基础上，增加面的有关信息以及连接指针。

曲面模型表达了零件表面和边界定义的数据信息，有助于对零件进行渲染等处理，有助于系统直接提取有关面的信息生成数控加工指令，因此，大多数 CAD/CAM 系统中都具备曲面建模的功能。

对于曲面模型来说，虽然形体的边界可以得到完全的定义，但是每个面都是单独存储，并未记录面与面之间的邻接拓扑关系，形体的实心部分在边界的哪一侧也是不明确的。也就是说，不能明确定义由边界面包围的形状是实心体还是空洞，无法做出形体的断面图。在物体性能计算方面，表面建模中面信息的存在有助于对物性方面与面积有关的特征计算，同时对于封闭的零件来说，采用扫描等方法也可实现对零件进行与体积等物理性能有关的特征计算。

一般来说，曲面模型方式生成的零部件及产品可分割成板、壳单元形式的有限元网格。

曲面建模事实上是以蒙面的方式构造零件形体，因此容易在零件建模中漏掉某个甚至某些面的处理，这就是常说的"丢面"。同时，依靠蒙面的方法把零件的各个面贴上去，往往会在两个面相交处出现缺陷，如重叠或间隙，不能保证零件的建模精度。

3. 实体建模

实体建模是定义一些基本体素，通过基本体素的集合运算或变形操作生成复杂形体的一种建模技术，其特点在于三维立体的表面与其实体同时生成。

与表面模型不同，实体建模能够定义三维物体的内部结构形状，因此能完整地描述物体的所有几何信息和拓扑信息，包括物体的体、面、边和顶点的信息，从形体的任一个面都可以遍历它所有的面、边和点，并规定了面的哪一侧是实体。实体模型能够反映外部模型比较完整的几何信息，是真实而唯一的三维物体。它既能消除隐藏线，产生有明暗效应的立体图像，又可以计算物体的质量特性，进行装配体或运动系统的空间干涉检查、有限元分析的前后处理以及多至五轴的数控编程等。

实体模型用来作为 CAD/CAM 一体化系统中各个模块共用的产品几何模型的趋势已定。20 世纪 80 年代后期，动态三维显示技术由于采用了复杂的光照模型，能考虑物体的光学特性，使得计算机产生的图形的真实感已达到了以假乱真的地步。在模拟物体运动时，动态三维显示不仅能模拟刚体的运动，还可以模拟物体的弹性、塑性变形，以及阻尼的影响和爆炸过程等。使用动态或静态的三维显示功能，使设计者在设计阶段就能看到设计对象的真实外形和工作仿真，从而节省了费时又费工的模型和样机制作。图 7-7 是一个连杆的三维实体模型。

图 7-7　实体建模

4. 特征建模

特征建模是一种建立在实体建模的基础上，利用特征的概念面向整个产品设计和生产制造过程进行设计的建模方法。特征建模除了实体建模中已有的几何、拓扑信息之外，还要包含特征信息、精度信息、材料信息、技术要求和其他有关信息。除静态信息之外，还应当支持设计、制造过程中的动态信息。

利用特征的概念进行设计的方法经历了特征识别及基于特征的设计两个阶段。特征识别是首先进行几何设计，然后在建立的几何模型上，通过人工交互或自动识别算法进行特征的搜索、匹配。为此提出了基于特征设计的思想，直接采用特征建立产品模型，而不是事后再识别，即特征建模。

特征建模是 CAD 建模方法的一个里程碑，它是在技术的发展和应用达到一定水平，产品的设计、制造、管理过程的集成化和自动化要求不断提高的历史进程中逐渐发展完善起来的。其特点为：① 特征建模技术使产品的设计工作不停留在底层的几何信息基础上，而是依据产品的功能要素，产品设计工作在更高的层次上展开，特征的引用直接体现设计意图。② 特征建模技术可以建立在二维或三维平台上，同时针对某些专业应用领域的需要，建立特征库就可实现特征建模技术，快速生成需要的形体。③ 特征建模技术有利于推动行业内的产品设计和工艺方法的标准化、系列化、规范化，使得产品在设计时就考虑加工、制造要求，有利于降低产品的成本。④ 特征建模技术提供了基于产品、制造环境、开发者意志等诸方面的综合信息，使产品设计、分析、工艺准备、加工、检验各部门之间具有了共同语言，可更好地将产品的设计意图贯彻到各后续环节，促进智能 CAD 系统和智能制造系统的开发，特征建模技术也是基于统一产品信息模型的 CAD/CAM/CAPP 集成系统的基础条件。⑤ 特征建模技术着眼于更好、更完整地表达产品全生命周期的技术、生产组织、计划管理等多阶段的信息，着眼于建立 CAD 系统与 CAX 系统、MRP 系统与 ERP 系统的集成化产品信息平台。

7.3 刀具轨迹生成和后置处理

7.3.1 数控自动编程的过程

利用 CAM 软件进行自动编程的过程如图 7-8 所示。在编程前需要进行零件的造型，如果是 CAD/CAM 一体化的软件，可直接在该软件中造型，若是在其他造型软件中造型，则需要通过通用的图形转换接口（IGES/STEP/DXF）将图形读取到 CAM 软件中。然后分析图纸，制订相应的加工方案，按照相应的加工方案，选择合适的加工方法、加工部位、加工刀具，设定工艺参数。对生成的刀具路径进行仿真模拟，并根据结果修改加工参数。刀具路径生成正确后进行后置处理，生成对应数控系统的程序文件，手工修改与机床不适应的代码。根据所生成的程序文件大小利用通信软件进行 CNC 传输或进行 DNC（直接数控加工）数控加工。

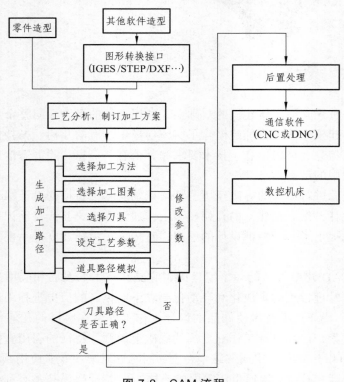

图 7-8　CAM 流程

194

7.3.2 常用的 CAM 加工方法

根据不同的加工对象，可以采用不同的切削方式。切削方式基本上可以划分为 4 种：点位加工、平面轮廓加工、型腔加工、曲面加工。

1. 点位加工

点位加工即刀具从一点运动到另一点，在从点到点的运动过程中不切削，刀具在到达相应的位置时从上到下运动进行切削。各点的加工顺序一般可根据最少换刀次数、路线最短等原则确定加工路线，生成刀具运动轨迹。图 7-9 是点位加工的常见走刀方式。图（a）、（b）、（c）是点位加工的平行走刀方式，图（d）、（e）、（f）是旋转走刀方式。

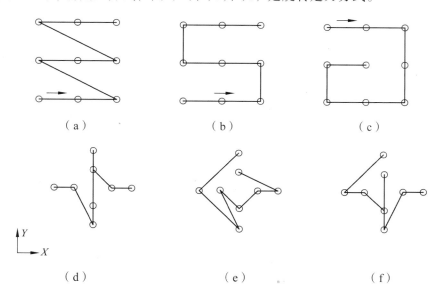

图 7-9　点位加工走刀方式

2. 平面轮廓加工

平面轮廓加工即刀具沿着平面轮廓运动进行切削加工。轮廓可以是封闭、开放或者自相交叉的，如图 7-10 所示。平面轮廓加工一般采用环切方式，即刀具沿着某一固定的转向围绕着工件轮廓环形运动，最终一环刀具运动轨迹是工件轮廓的等距曲线，即将加工轮廓线按实际情况左偏或右偏一个刀具半径。

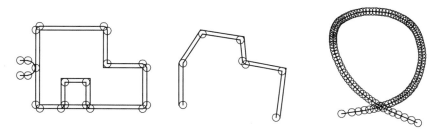

图 7-10　平面轮廓加工

3. 型腔加工

型腔是指以封闭轮廓为边界的平底直壁凹坑，其内部可包含岛屿，岛屿还可相互嵌套，如图 7-11 所示。一般情况下，外轮廓和岛屿必须是封闭的，有时允许外轮廓为开放的。型腔加工即加工型腔内包含的材料。

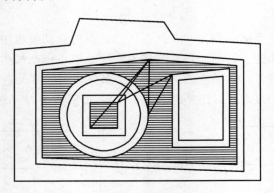

图 7-11　型腔加工

型腔加工的一般方法是沿轮廓边界留出精加工余量，用平底端铣刀按照一定的走刀方式一层一层进行粗加工，铣去型腔的多余材料，最后沿型腔底面和轮廓走刀，精铣型腔底面和边界外形。型腔粗加工走刀方式可归结为两种：一种是行切方式；另一种是环切方式。行切方式又可分为单向切削和双向切削，如图 7-12 所示。单向切削方式中刀具始终按照一个方向进行切削，切削到另一头时，刀具抬起回到起始位置再横向进刀，刀具抬刀次数很多，但可以保证切削时始终按照一个方向切削；双向切削方式中刀具按 Z 字形走刀，不产生连续的抬刀动作。

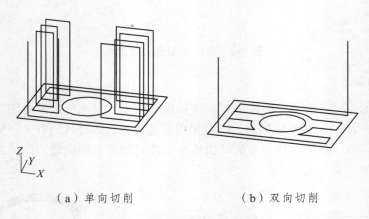

（a）单向切削　　　　　　　　　（b）双向切削

图 7-12　型腔加工行切法

环切方式中刀具以与工件轮廓为基准进行环行运动，逐步切削工件。环行运动可从内到外或从外到内，其最后一环或第一环是沿工件轮廓向中间偏离一个刀具半径的曲线。环行运动又可分为等距环切、平行环切、平行环切并清根、依外形环切、抖动环切、螺旋环切等方式，其刀具轨迹如图 7-13 所示。

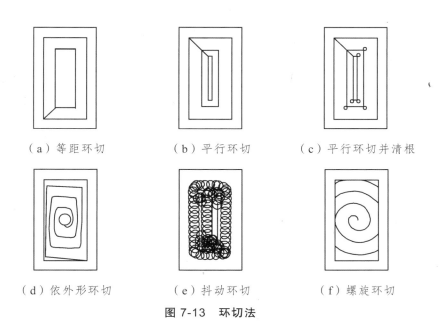

（a）等距环切　　　　　（b）平行环切　　　　　（c）平行环切并清根

（d）依外形环切　　　　　（e）抖动环切　　　　　（f）螺旋环切

图 7-13　环切法

4. 曲面加工

曲面加工的切削方式比较复杂，根据加工精度、表面粗糙度要求，曲面加工一般分粗加工、半精加工、精加工、残料加工等加工阶段，每个阶段可能采用多种切削方式。

曲面粗加工是将零件从毛坯形状利用分层切削的方法加工出零件的大概轮廓，给后续加工留出余量。刀具一般采用较大直径的圆柱铣刀，这仍有不少余量并且余量不均匀。如果粗加工结束后余量差别较大，此时可采用半精加工。半精加工时选取比粗加工直径小的平铣刀、带 R 角的端铣刀或球刀，将粗加工后余量较大的地方进行切削，使留给精加工的余量尽量均匀，从而提高精加工的切削效率。曲面精加工时，刀具只沿着零件表面进行切削，而不是像粗加工时分层切削；在精加工中选用球刀或带 R 角的端铣刀进行切削。在精加工后有时由于几何形状的限制还会有一些半径很小的拐角、尺寸较小的凹坑在精加工时刀具无法进去，如果精加工时采用很小的刀具切削效率又很低，这种情况下精加工时采用尺寸较大的刀具，然后再增加残料加工，选用拐角处对应圆弧半径大小的小刀具单独切削精加工后的残料。

曲面加工的走刀方式通常有平行铣削（单向、双向）、环形切削、放射状走刀、曲面流线走刀、投影加工等，其中平行铣削和环形铣削的走刀方式与型腔铣削一样，如图 7-12 和图 7-13 所示。放射状走刀是刀具轨迹以一点为中心、呈发散的形式走刀，如图 7-14（d）所示；曲面流线是走刀时刀具轨迹按照所加工曲面的流线方向走刀，这种方式要求所加工的曲面具有一致的流线方向，曲面流线适合于对走刀轨迹线有要求的零件，如图 7-14（e）所示。投影加工是将刀具路径或曲线图案投影到加工曲面上，加工中的刀具轨迹按照所投影的刀具路径或曲线图案形成，适合于对走刀路径有要求或在曲面上雕刻图案的应用，如图 7-14（f）所示。

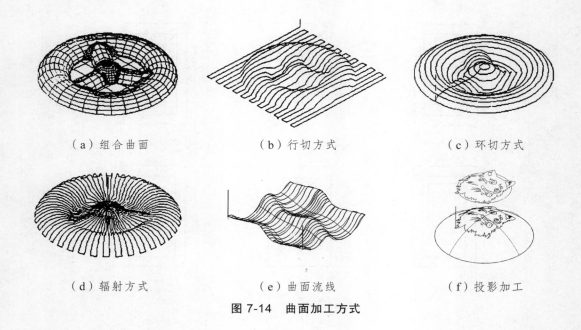

（a）组合曲面　　　　　（b）行切方式　　　　　（c）环切方式

（d）辐射方式　　　　　（e）曲面流线　　　　　（f）投影加工

图 7-14　曲面加工方式

7.3.3　CAM 加工中的基本参数

1. CAM 中刀具形式的定义

数控加工中一般采用通用、标准的刀具，其刀具尺寸定义一般采用 5 参数、7 参数、10 参数的定义方式，如图 7-15 所示。在刀具中还需要注意刀尖和刀心的区别，刀尖和刀心都是刀具的对称轴上的点，其间差一个刀角半径，如图 7-16 所示。在一些 CAM 软件中，可以输出刀具刀尖或刀心的刀具轨迹，在机床上刀具对刀时应区分对待，有时工件坐标系中的 Z 轴数值应减去一个刀角半径。

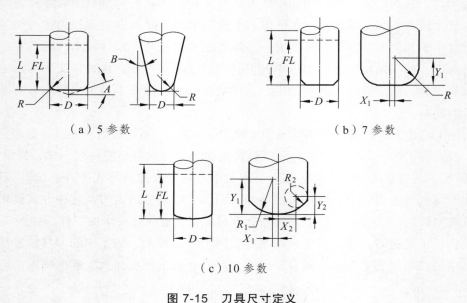

（a）5 参数　　　　　　　　　　（b）7 参数

（c）10 参数

图 7-15　刀具尺寸定义

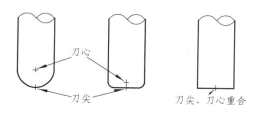

（a）球头刀　（b）$r < R$ 的端刀　（c）$r = 0$ 的端刀

图 7-16　刀具的刀尖与刀心

2．CAM 中刀具补偿及下刀方式

CAM 软件中提供了刀具补偿功能，补偿方式有计算机补偿、控制器补偿、补偿关等。计算机补偿时输出的程序是刀具运动的实际轨迹，程序中已经根据偏移方向将刀具偏移了一个刀具半径。选用控制器补偿时输出的程序中刀具编程路径不偏移，软件在程序中添加了补偿指令（G41/G42）及补偿号，数控系统在运行时按照机床中对应补偿号中的数值产生刀具偏移。补偿关时输出的程序既不产生偏移也不添加补偿指令。一般情况下，在工件轮廓精度要求比较高或大批量生产时采用控制器补偿，这样可以在加工中调整补偿值的大小、补偿刀具的磨损、调整加工精度等。

此外，在 CAM 软件中还提供了螺旋下刀或斜向下刀的下刀方式，螺旋下刀时刀具在下刀的同时还进行圆周运动，而斜向下刀时刀具走斜直线向下运动，如图 7-17 所示。采用螺旋或斜向下刀可以避免垂直切削下刀时刀具容易断裂的问题，同时解决了对于一些不能垂直下刀的刀具采用这种下刀方式后再加工内腔时的下刀问题，如横刃不过中心的立铣刀、机夹刀、面铣刀等。

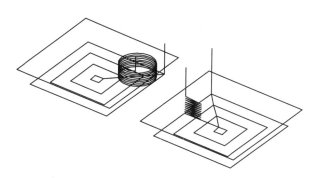

图 7-17　螺旋下刀与斜向下刀

3．自动编程的刀位计算和误差处理

数控编程时根据零件的几何形状确定走刀路线，计算刀具的运动轨迹，得出刀位数据。数控系统中只有直线和圆弧插补，因此需要将刀具的运动轨迹用直线或圆弧的方式进行拟合。刀具轨迹和实际加工模型的偏差即是加工误差。用户可通过控制加工误差来控制加工的精度，如图 7-18 所示。

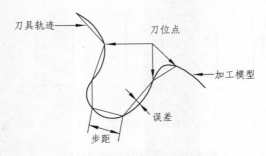

图 7-18　刀具轨迹拟合误差

用户给出的加工误差是刀具轨迹同加工模型之间的最大允许偏差，系统保证刀具轨迹与实际加工模型之间的偏离不大于加工误差。用户应根据实际工艺要求给定加工误差，如在进行粗加工时，加工误差可以较大，否则加工效率会受到不必要的影响；而进行精加工时，需根据表面要求等给定加工误差。

在两轴加工中，加工误差主要指对样条曲线进行加工时用折线段逼近样条曲线时的误差。在三轴加工中，还可以用给定步长的方式控制加工的误差。步长用来控制刀具步进方向上每两个刀位点之间的距离，系统按用户给定的步长计算刀具轨迹，同时系统对生成的刀具轨迹进行优化处理，删除处于同一直线上的刀位点，在保证加工精度的前提下提高加工的效率。因此，用户给定的是加工的最小步距，实际生成的刀具轨迹中的步长可能大于用户给定的步长。

在编程中除了走刀轨迹线上的拟合误差外，还有由于走刀轨迹间的行距引起的残留高度，如图 7-19 所示。行距指加工轨迹相邻两行刀具轨迹之间的距离。

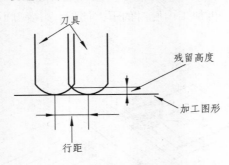

图 7-19　残留高度

在三轴加工中，由于行距造成的两刀之间一些材料未切削，这些材料距切削面的高度即是残留高度。在加工时，可通过控制残留高度来控制加工的精度，有时也可通过指定刀具轨迹的行数及刀次来控制残留高度。

因此，在自动编程时，需要同时控制走刀轨迹的拟合误差和行距引起的残留高度来控制编程误差。

4. 走刀高度及进给率设置

加工中为了避免碰撞，提高加工效率，在自动编程时需要设置合理的起始点、安全高度、接近高度、回撤高度、返回点、进给率等参数，如图 7-20 所示。

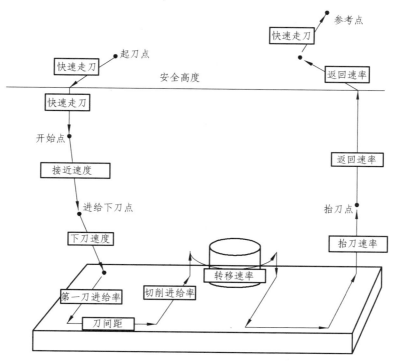

图 7-20　走刀高度及进给率

安全高度是指保证在此高度以上可以快速走刀不发生干涉的高度，安全高度应高于零件的最大高度。

7.3.4　刀具轨迹仿真及反校核

刀具轨迹仿真是利用计算机的虚拟技术模拟零件的数控加工过程，其目的是检验刀具轨迹是否合理，刀具与工件、夹具是否干涉等，减少了零件的试制次数。

反校核就是把生成的数控代码文件反读进来，生成刀具轨迹，以检查生成的 G 代码的正确性。如果反读的刀位文件中包含圆弧插补，用户需要指定相应的圆弧插补格式；否则可能得到错误的结果。若后置文件中的坐标输出格式为整数，且机床分辨率不为 1 时，反读的结果是不对的。即系统不能读取坐标格式为整数且分辨率为非 1 的情况。

刀位轨迹显示验证的基本方法是：当零件的数控加工程序（或刀位数据）计算完成以后，将刀位轨迹在图形显示器上显示出来，从而判断刀位轨迹是否连续，检查刀位计算是否正确。

刀位轨迹显示验证的判断原则为：

（1）刀位轨迹是否光滑连续。

（2）刀位轨迹是否交叉。

（3）刀轴矢量是否有突变现象。

（4）凹凸点处的刀位轨迹连接是否合理。

（5）组合曲面加工时刀位轨迹的拼接是否合理。

（6）走刀方向是否符合曲面的造型原则（这主要是针对直纹面）。

图 7-21 是采用参数线法球型刀的三坐标之字形走刀加工飞机前身机身吹风模型的刀位轨迹图。从图上可以看出机身和座舱的拼接轨迹，机身各部分刀位轨迹的拼接均比较合理，机身纵向走刀的刀位轨迹符合曲面的造型原则。

图 7-22 是采用参数线法球形刀三坐标之字形走刀加工水轮机叶片的刀位轨迹图。从图上可以看出每条刀位轨迹是光滑连接的，各条刀位轨迹之间的连接方式也非常合理。

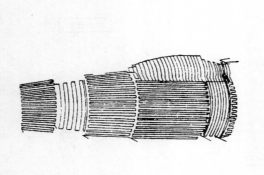

切削行

图 7-21　飞机前身机身吹风模型的刀位轨迹图　　图 7-22　水轮叶片加工刀位轨迹图

图 7-23 是采用棒铣刀五坐标侧铣加工船用推进器大叶片型面的刀位轨迹图。从图中可以看出各刀位点之间的刀轴矢量变化非常均匀。

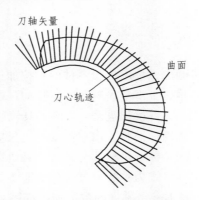

刀轴矢量

曲面

刀心轨迹

图 7-23　船用推进器大叶片型面的刀位轨迹图

7.3.5　CAM 加工后置处理方法及 DNC 系统

数控机床的各种运动都是执行特定的数控指令的结果，完成一个零件的数控加工一般需要连续执行一连串的数控指令，即数控程序。后置处理就是把刀位文件转换成指定数控机床能执行的数控程序的过程。

后置处理过程可用图 7-24 所示的框图表示。

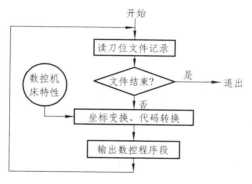

图 7-24 后置处理过程

根据刀位文件的格式，可将刀位文件分为两类：一类是符合 IGES 标准的标准格式刀位文件，如各种通用 APT 系统及商品化的数控图像编程系统输出的刀位文件；另一类是非标准刀位文件，如某些专用（或非商品化的）数控编程系统输出的刀位文件。

后置处理过程原则上是解释执行，即每读出刀位文件中的一个完整的记录，便分析该记录的类型，根据记录类型确定是进行坐标变换，还是进行文件代码转换，然后根据所选数控机床进行坐标变换或文件代码转换，生成一个完整的数控程序段，并写到数控程序文件中去，直到刀位文件结束。其中，坐标变换与加工方式及所选数控机床类型密切相关，比较复杂。

DNC（直接数控）是指用一台计算机直接控制多台数控机床，其技术是实现 CAD/CAM 的关键技术，也是柔性制造系统（FMS）和计算机集成控制系统（CIMS）需要解决的关键技术。不解决 DNC 的联网问题，就无从谈起 CAD/CAM 一体化的实施。

DNC 是利用计算机对数控机床（群）进行集中管理和控制，主要涉及数控程序的管理与分配、数控机床状态信息的采集等。

1. DNC 系统的组成

上位机通过智能化接口与数控机床的数控系统连接，构成信息双向通信网络。上位机与数控系统之间以及数控系统间的连接方式（拓扑结构形式）可以有星形、环形以及总线形等多种形式，但现在的 DNC 系统中总线形用得最多，如图 7-25 所示。

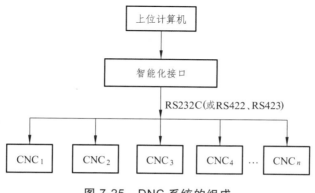

图 7-25　DNC 系统的组成

上位机可以为工作站，也可以为微机，通过 CAD/CAPP/CAM 软件完成自动编程，形成的数控指令以 ASCⅡ 码形式传送到数控系统中去。数控系统接收到数控指令即可用于数控加工。

智能化接口的任务是：从上位机接收信号，向各 CNC 系统分配并传送；从 CNC 系统采集数据，向上位机传送。

数控系统一般都提供了标准的 RS232C、RS422、RS423 串行接口，这些接口设施为计算机直接控制数控技术提供了一个必要的硬件环境。在数控系统内部一般都固化有接收数控程序的软件，以接收上位机发送来的数控指令。

上位机与数控系统的距离较远时（超过 50 m），可采用 RS232 的 20 mA 电流环接口，其传送距离可达 1 000 m；也可采用 RS423，其传送距离可达 1 200 m；如距离更远时，可采用调制解调器。

2. CNC 系统通信工作流程

CNC 通信软件工作流程如图 7-26 所示。由图可以看出，CNC 通信软件工作流程中应包括如下一些工作：

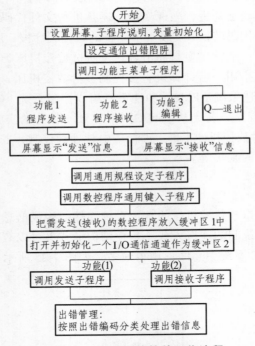

图 7-26 DNC 通信软件工作流程

（1）设定机床数控系统通信规程，如波特率、奇偶校验方式、停止位的数目、数据字节长度、缓冲区大小以及设定控制信号的等待时间等。

（2）读取通信线路的工作状态，判断是否可以进行通信。

（3）发送（或接收）一个数据字节。

（4）对传输数据循环校验，并发出"认可"或"否认"信息，确保数据通信过程中的正确无误。

（5）重复上述步骤（2）～（4）。

（6）在机床数控系统内部内存溢出前发出控制信息暂停数据传送，以免数据被冲或丢失。

7.4 典型零件 CAD/CAM 应用实例

7.4.1 UG 的应用

这里用冲压模具的凸模为例，介绍 CAD/CAM 的应用过程。

1. 新建文件

点击 File→New，输入 Camsample。

2. 进入造型模块

点击 Application→Modeling，如图 7-27 所示。

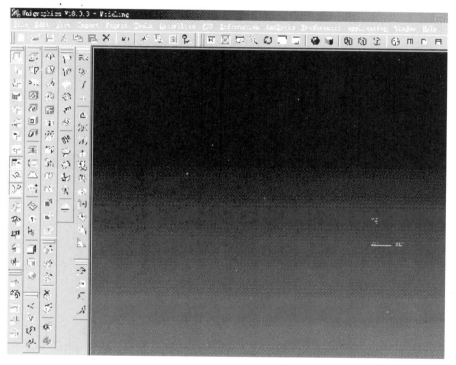

图 7-27　进入造型模块

3. 底部造型

点击 Insert→Form Feature→Block，输入 150、150、30，选择 OK，如图 7-28 所示。

4. 凸台特征造型

点击 Insert→Form Feature→Pad，选择 Rectangular，选择 Block 的顶面，选择 Block 与 X 轴同向的边，输入 80、80、50、0、10，选择 Pallale at Distance，选择 Block 与 X 轴同向的

边，选择 Pad 与 X 轴同向的中心线，输入 75，选择 OK；选择 Pallale at Distance，选择 Block 与 Y 轴同向的边，选择 Pad 与 Y 轴同向的中心线，输入 75，选择 OK，如图 7-29 所示。

图 7-28　底部造型

图 7-29　凸台特征造型

5. 半球体造型

点击 Insert→Form Feature→Sphere，选择 Diameter、Center，输入 40，选择 Pad 与 Y 轴同向的边接近中点的位置，选择 OK，选择 OK；选择 Pad 与 Y 轴同向的另一侧边接近中点的位置，选择 OK，选择 OK，如图 7-30 所示。

6. 半圆柱体造型

点击 Insert→Form Feature→Cylinder，选择 Diameter、Height，选择 Yc Axis，输入 40、110，输入 75、20、30，选择 OK，如图 7-31 所示。

图 7-30　半球体造型

图 7-31　半圆柱体造型

7. 倒顶部圆角

点击 Insert→Feature Opration→Edge Blend，输入 default radius 15，选择 Pad 需倒圆角的各条边，选择 OK，如图 7-32 所示。

8. 倒底部圆角

点击 Insert→Feature Opration→Edge Blend，输入 default radius 8，选择 Pad 底边、Block、Clydiner 的各条边，选择 OK，如图 7-33 所示。

图 7-32　倒顶部圆角

图 7-33　倒底部圆角

9. 毛坯造型

点击 Insert→Form Feature→Block，输入 150、150、85，选择 OK。

10. 进入 CAM 模块

点击 Application→Manufacture，选择 CAM Session Configure Mill Contour、CAM Setup Mill Contour，选择 Initialize，如图 7-34 所示。

11. 指定加工几何体

点击 Insert→Geometry，选择 MILL_GEOM，选择 Select，选择"零件实体"，选择 Blank，选择 Select，选择"第 9 步生成的 Block"，选择 OK，如图 7-35 所示。

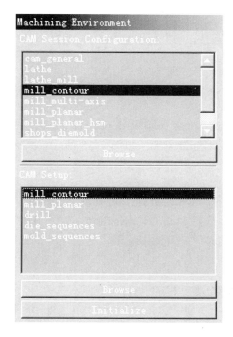

图 7-34　进入 CAM 模块

图 7-35　指定加工几何体

12. 隐藏毛坯

点击 Edit→Blank→Blank，选择"第 9 步生成的 Block"，选择 OK。

13. 创建刀具

点击 Insert→Tool，输入 name m20，选择 Apply，输入 diameter 20，选择 OK；输入 name mr5，选择 OK；输入 diameter 10，输入 lower-radius 5，如图 7-36 所示。

14. 粗加工

点击 Insert→Operation，选择并输入图示内容，选择 OK；输入 depth per cut 3，选择 Generate，选择 OK，如图 7-37 所示。

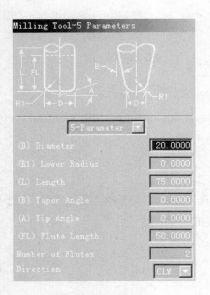

图 7-36　创建刀具

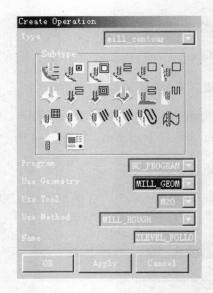

图 7-37　粗加工

15. 半精加工

点击 Insert→Operation，选择并输入图示内容，选择 OK；输入 depth per cut 1，选择 Cut Lever，选择 Block 的上边，选择 OK；选择 Generate，选择 OK，如图 7-38 所示。

16. 精加工 1

点击 Insert→Operation，选择并输入图示内容，选择 OK；选择 Cut Area，选择 Select，选择所有要加工的表面，选择 OK；选择 Area Milling，选择 Step Over Scallop，输入 0.01，选择 OK；选择 Cutting，选择 Remove Edge Traces，选择 OK；选择 Generate，选择 OK，如图 7-39 所示。

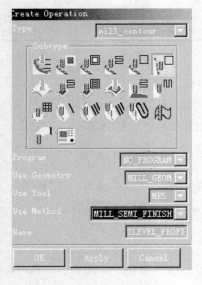

图 7-38　半精加工

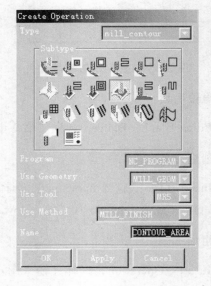

图 7-39　精加工 1

17. 精加工 2

点击 Insert→Operation，选择并输入图示内容，选择 OK；选择 Cut Area，选择 Select，选择所有要加工的表面，选择 OK；选择 Area Milling，选择 Steep Containment，选择 Directional Steep，输入 35，选择 Cut Angle，选择 User Defined，输入 90，选择 Step Over Scallop，输入 0.01，选择 OK；选择 Generate，选择 OK，如图 7-40 所示。

18. 生成刀具路径

选择所有生成的刀具路径，单击右键，选择 Verify，选择 Dynamic，选择 Play Forward，选择 Compare，选择 OK，如图 7-41 所示。

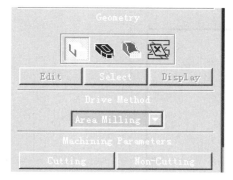

图 7-40　精加工 2

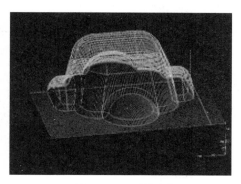

图 7-41　刀具路径

7.4.2　Mastercam 的应用

1. Mastercam 系统特性概述

Mastercam 是美国专业从事计算机数控程序设计专业化的公司 CNC Software INC 研制出来的一套计算机辅助制造系统软件。它将 CAD 和 CAM 这两大功能综合在一起，是我国目前十分流行的 CAD/CAM 系统软件。它有以下特点：

（1）Mastercam 除了可产生 NC 程序外，本身也具有 CAD 功能（如 2D、3D、图形设计、尺寸标注、动态旋转、图形阴影处理等功能），可直接在系统上制图并转换成 NC 加工程序，也可将用其他绘图软件绘好的图形，经由一些标准的或特定的转换文件如 DXF 文件（Drawing Exchange File）、CADL 文件（CADkey Advanced Design Language）及 IGES 文件（Initial Graphic Exchange Specification）等转换到 Mastercam 中，再生成数控加工程序。

（2）Mastercam 是一套以图形驱动的软件，应用广泛，操作方便，而且它能同时提供适合目前国际上通用的各种数控系统的后置处理程序文件，以便将刀具路径文件（NCI）转换成相应的 CNC 控制器上所使用的数控加工程序（NC 代码），如 FANUC、MELADS、AGIE、HITACHI 等数控系统。

（3）Mastercam 能预先依据使用者定义的刀具、进给率、转速等，模拟刀具路径和计算加工时间，也可将 NC 加工程序（NC 代码）转换成刀具路径图。

（4）Mastercam 系统设有刀具库及材料库，能根据被加工工件材料及刀具规格尺寸自动确定进给率、转速等加工参数。

（5）提供 RS-232C 接口通信功能及 DNC 功能。

2. 系统界面

Mastercam 系统在 Windows 下完成安装后，被自动设置在 Start\Programs\Mastercam 菜单中，因此，在 Mastercam 菜单中用鼠标选取 Mill7 图标（假定使用的是 Mastercam Version 7.0），即自动进入 Mastercam 系统的主界面，如图 7-42 所示。主界面分为 4 个功能区：主功能表区、第二功能表区、绘图（图形显示）区、信息输入/输出区。

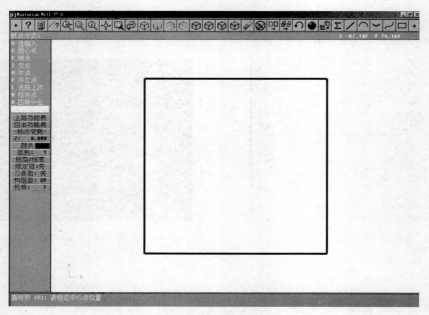

图 7-42　系统界面

（1）系统界面主功能简要说明如下：

① A 分析：显示屏幕上的点、线、面及尺寸标注等信息；

② C 绘图：绘制点、线、弧、样条曲线、矩形、曲面等；

③ F 文件：存取及浏览几何图形、屏幕显示、打印、传输、转换、删除文件等；

④ M 修整：可用倒圆角、修整、打断和连接等功能修改屏幕上的几何图形；

⑤ D 删除：用于删除屏幕或系统图形文件中的图形元素；

⑥ S 屏幕：用来设置 Mastercam 系统及其显示的状态；

⑦ T 刀具路径：用轮廓、型腔和孔等指令产生 NC 刀具路径；

⑧ N 公用管理：修改和处理刀具路径；

⑨ E 离开系统：退出 Mastercam 系统；

⑩ 上层功能表：回到前一页目录；

⑪ 主功能：返回主功能表（最上层目录）。

（2）第二功能简要说明如下：

① 标示变数：用来设定标注尺寸的参数；

② Z（工作深度）：用来设定绘图平面的工作深度，当绘图平面设定为 3D 时，设定的工

作深度被忽略不计；

③ 颜色：设定系统目前所使用的绘图颜色；

④ 图层：设定系统目前所使用的图层；

⑤ 限定层：指定使用的图层，关掉非指定的图层的使用权，当设定为 OFF 时，全部的图层均可使用；

⑥ 刀具平面：设定一个刀具面；

⑦ 构图面：用来定义目前所要使用的绘图平面；

⑧ 视角：定义目前显示于屏幕上的视图角度。

3. 系统流程图

Mastercam 系统流程图如图 7-43 所示。

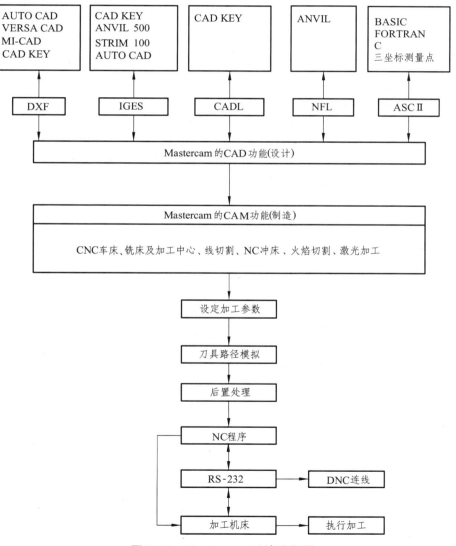

图 7-43 Mastercam 系统流程图

4. Mastercam 软件典型应用实例

（1）平面类零件加工实例。

① 绘制外轮廓，如图 7-44 所示。

选择绘图→矩形；选择中心点；输入 0，0；输入 120；输入 120；从鼠标右键快捷菜单中选择适度化，回主功能表。

② 绘制凸台，如图 7-44 所示。

选择绘图→矩形；选择中心点；输入 0，0；输入 30；输入 20；回主功能表。

③ 绘制槽轮廓，如图 7-44 所示。

选择绘图→圆弧；选择点半径圆；选择中心点；输入 0，0；输入 50；回主功能表。

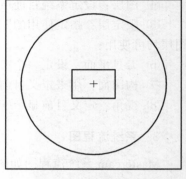

图 7-44 零件形状

④ 生成刀具路径。

选择刀具路径→挖槽加工；输入文件名；选择保存；选择串联；从图上选择 R40 的圆，从图上选择 30×20 的矩形；选择执行，出现如图 7-45 所示的挖槽工艺参数对话框。

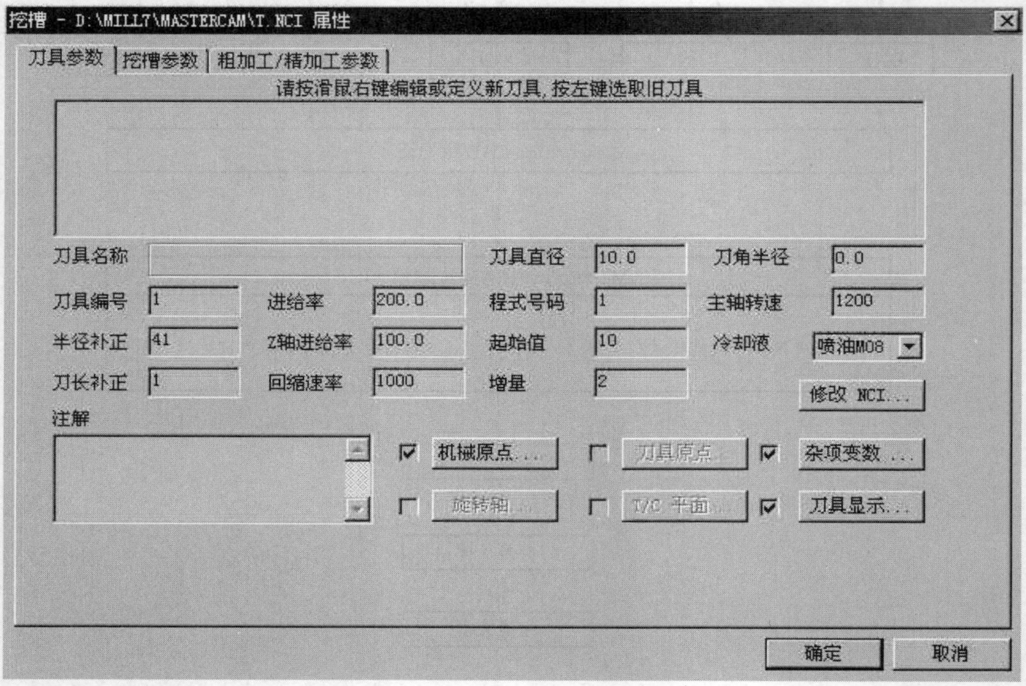

图 7-45 挖槽工艺参数对话框

输入刀具直径 10；程式号码 0001；起始值 10；增量 2；冷却液 M08；进给率 200；Z轴进给率 100；回缩速率 1 000。选择标签挖槽参数；输入 G00 下刀位置 5，输入最后切深度 -20。选择分层铣削，输入 MAX ROUGH（每层切深 0，0）4；选择 OK；选择标签粗加工/精加工参数；选择双向切削，输入刀具直径百分比 45；选择确定，生成刀具路径，如图 7-46 所示。

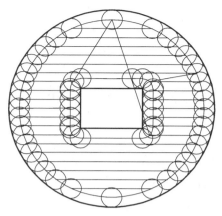

图 7-46　刀具路径图

⑤ 生成数控加工程序。

选择操作管理；选择后处理，如图 7-47 所示。

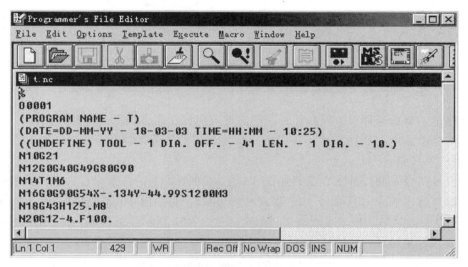

图 7-47　数控加工程序

（2）曲面类零件加工实例。

① 绘制半球面截面，如图 7-48 所示。

选择绘图→圆弧；选择极坐标，选择中心点；输入 0，0；输入 25；输入 –90；输入 90；从鼠标右键快捷菜单中选择适度化，回主功能表。

② 绘制旋转轴，如图 7-48 所示。

选择绘图→线；选择任意线段，从图上选择圆弧的两端点。

③ 绘制圆弧面。

选择绘图→曲面；选择旋转曲面，从图上选择圆弧；选择执行，从图上选择旋转轴，注意图上箭头沿 Z 向；输入起始角度 0，输入终止角度 180。

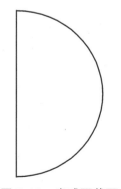

图 7-48　半球面截面

④ 绘制牵引面截面，如图 7-49 所示。

选择构图面→前视图；选择视角；选择前视图；选择绘图；
选择线；选择连续线段；输入 – 15，0；输入 – 15，15；输入
15，15；输入 15，0；回主功能表。

选择修整→倒圆角；选择半径值，输入 10；从图中选择
圆角的两个直边。

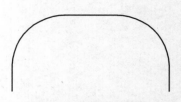

图 7-49　牵引面截面

⑤ 绘制牵引面，如图 7-50 所示。

选择绘图→曲面；选择牵引曲面，从图上选择截面线，选择执行；输入指定长度 40，选
择执行。

⑥ 修整曲面，如图 7-51 所示。

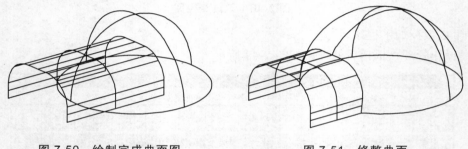

图 7-50　绘制完成曲面图　　　　　　　　图 7-51　修整曲面

选择修整→修剪延伸；选择曲面；选择修整至曲面；选择从图上选择圆弧面，选择执行；
从图上选择牵引曲面，选择执行；从图上选择要保留的部分。

⑦ 生成刀具路径。

选择刀具路径→曲面加工；选择精加工；选择外形加工；选择保存；选择所有的；选择
曲面；选择执行。输入刀具直径 10、程式号码 0002、起始值 10、增量 2、冷却液 M08、进
给率 200、Z 轴进给率 100、回缩速率 1 000，如图 7-52 所示。选择确定，出现如图 7-53 所
示的曲面加工刀具路径。

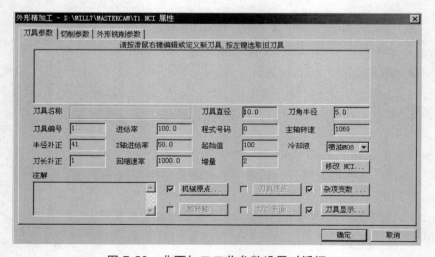

图 7-52　曲面加工工艺参数设置对话框

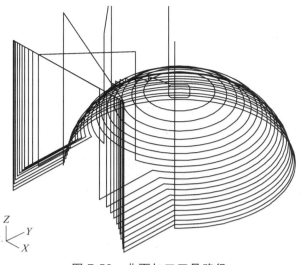

图 7-53　曲面加工刀具路径

⑧ 生成数控加工程序。

选择操作管理→后处理。

7.5　FUNAC 0I 车床仿真操作

7.5.1　选择机床类型及界面介绍

1. 选择机床类型

打开菜单"机床/选择机床…"，在选择机床对话框中选择控制系统类型和相应的机床，界面如图 7-54 所示。

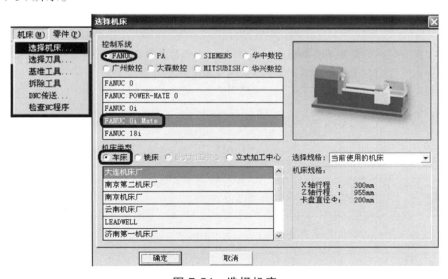

图 7-54　选择机床

2. FANUC 0I MDI 键盘界面介绍

（1）MDI 键盘说明。

图 7-55 为 FANUC 0I 系统的 MDI 键盘（右半部分）和 CRT 界面（左半部分）。MDI 键盘用于程序编辑、参数输入等功能。MDI 键盘上各个键的功能如表 7-1 所示。

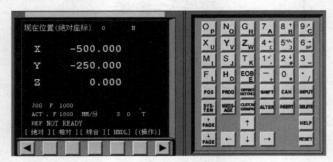

图 7-55　FANUC 0I MDI 键盘

表 7-1　MDI 键盘上各个键的功能

MDI 软键	功　能
PAGE PAGE	软键 PAGE↑ 实现左侧 CRT 中显示内容的向上翻页；软键 PAGE↓ 实现左侧 CRT 显示内容的向下翻页
↑ ← ↓ →	移动 CRT 中的光标位置。软键 ↑ 实现光标的向上移动；软键 ↓ 实现光标的向下移动；软键 ← 实现光标的向左移动；软键 → 实现光标的向右移动
字符键区	实现字符的输入。点击 SHIFT 键后再点击字符键，将输入右下角的字符。例如，点击 OP 将在 CRT 的光标所处位置输入 "O" 字符，点击软键 SHIFT 后再点击 OP，将在光标所处位置处输入 "P" 字符；点击软键中的 "EOB"，输入 ";" 表示换行结束
数字键区	实现字符的输入。例如，点击软键 5 将在光标所在位置输入 "5" 字符，点击软键 SHIFT 后再点击 5，将在光标所在位置处输入 "]"
POS	在 CRT 中显示坐标值
PROG	CRT 将进入程序编辑和显示界面
OFFSET SETTING	CRT 将进入参数补偿显示界面
SYSTEM	本软件不支持
MESSAGE	本软件不支持

MDI 软键	功　能
CUSTOM GRAPH	在自动运行状态下将数控显示切换至轨迹模式
SHIFT	输入字符切换键
CAN	删除单个字符
INPUT	将数据域中的数据输入到指定的区域
ALTER	字符替换
INSERT	将输入域中的内容输入到指定区域
DELETE	删除一段字符
HELP	本软件不支持
RESET	机床复位

（2）机床位置界面。

点击 POS 进入坐标位置界面。点击菜单软键[绝对]、菜单软键[相对]、菜单软键[综合]，相应的 CRT 界面将对应相对坐标（见图 7-56）、绝对坐标（见图 7-57）和综合坐标（见图 7-58）。

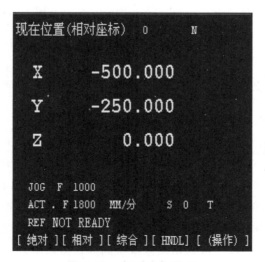

图 7-56　相对坐标界面

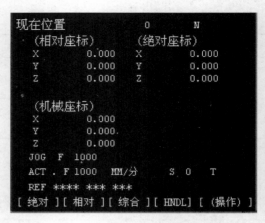

现在位置(绝对坐标)　　　O　　　N

X　　　0.000

Y　　　0.000

Z　　　0.000

JOG　F　1000
ACT.F 1000　MM/分　　　S　O　T
REF ＊＊＊＊ ＊＊＊ ＊＊＊
[绝对][相对][综合][HNDL][(操作)]

图 7-57　绝对坐标界面

现在位置　　　　　　　O　　　N
　（相对座标）　　　　　（绝对座标）
　X　　　0.000　X　　　0.000
　Y　　　0.000　Y　　　0.000
　Z　　　0.000　Z　　　0.000

　（机械座标）
　X　　　0.000
　Y　　　0.000
　Z　　　0.000

JOG　F　1000
ACT.F 1000　MM/分　　　S　O　T
REF ＊＊＊＊ ＊＊＊ ＊＊＊
[绝对][相对][综合][HNDL][(操作)]

图 7-58　所有坐标界面

（3）程序管理界面。

点击 `POS` 进入程序管理界面，点击菜单软键[LIB]，将列出系统中的所有程序，如图 7-59 所示，在所列出的程序列表中选择某一程序名，点击 `PROG` 将显示该程序，如图 7-60 所示。

程式　　　　　00001　　　N 0001
　系列　　　　　　　883F-04
　登录程式数　　　　:1　空:　　47
　已用MEMORY领域　:1　空:　4095
程式一览表
01

　　　　　　　　　　S O T
EDIT＊＊＊＊ ＊＊＊ ＊＊＊
[程式][LIB][　　][　　][(操作)]

图 7-59　显示程序列表

程式　　　　　00001　　　N 0001
00001
N10 G54
N20 G00 X28. Z2. S700 T0101 M03
N30 G42 D01 X18. M08
N40 G01 X24. X-1. F0.08
N50 Z-24.5
N60 X30.
N70 X45. Z-45.
N80 Z-50.9
N90 G02 X40. Z-116.62 R55.
N100 G01 Z-125.
　　　　　　　　　　S 0 T
EDIT＊＊＊＊ ＊＊＊ ＊＊＊
[程式][LIB][　　][　　][(操作)]

图 7-60　显示当前程序

（4）设置参数。

① G54～G59 参数设置。

在 MDI 键盘上点击 `OFFSET SETTING` 键，按菜单软键[坐标系]，进入坐标系参数设定界面，输入 "0x"（01 表示 G54、02 表示 G55，以此类推），按菜单软键[NO 检索]，光标停留在选定的坐标系参数设定区域，如图 7-61 所示。

也可以用方位键 `↑` `↓` `←` `→` 选择所需的坐标系和坐标轴。利用 MDI 键盘输入通过对刀所得到的工件坐标原点在机床坐标系中的坐标值。设通过对刀得到的工件坐标原点在机床坐标系中的坐标值（如 -500，-415，-404），则首先将光标移到 G54 坐标系 X 的位置，在 MDI 键盘上输入 "-500.00"，按菜单软键[输入]或按 `INPUT` 键，参数输入到指定区域。按 `CAN` 键可逐个字符删除输入域中的字符。点击 `↓` 键，将光标移到 Y 的位置，输入 "-415.00"，按菜单软键[输入]或按 `INPUT` 键，参数输入到指定区域。同样，可以输入 Z 坐标值。此时 CRT 界面如图 7-62 所示。

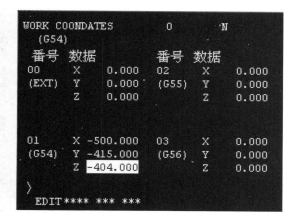

<table>
<tr><td colspan="6">WORK COONDATES   O   N</td></tr>
</table>

Figure 7-61 and 7-62 are shown side by side.

Left screen (图 7-61):

```
WORK COONDATES          O          N
 (G54)
 番号  数据          番号  数据
 00    X    0.000    02    X    0.000
(EXT)  Y    0.000   (G55)  Y    0.000
       Z    0.000          Z    0.000


 01    X    0.000    03    X    0.000
(G54)  Y    0.000   (G56)  Y    0.000
       Z    0.000          Z    0.000
>
 EDIT**** *** ***
```

Right screen (图 7-62):

```
WORK COONDATES          O          N
 (G54)
 番号  数据          番号  数据
 00    X    0.000    02    X    0.000
(EXT)  Y    0.000   (G55)  Y    0.000
       Z    0.000          Z    0.000


 01    X  -500.000   03    X    0.000
(G54)  Y  -415.000  (G56)  Y    0.000
       Z  -404.000          Z    0.000
>
 EDIT**** *** ***
```

图 7-61　坐标参数设定　　　　　　图 7-62　坐标参数设定

注意：X 坐标值为-100，需输入"X-100.00"；若输入"X-100"，则系统默认为-0.100。如果按软键"＋输入"，键入的数值将和原有的数值相加以后输入。

② 车床刀具补偿参数。

车床的刀具补偿包括刀具的磨损量补偿参数和形状补偿参数，两者之和构成车刀偏置量补偿参数。

输入磨耗量补偿参数：刀具使用一段时间后磨损，会使产品尺寸产生误差，因此需要对刀具设定磨损量补偿。步骤如下：

a. 在 MDI 键盘上点击 ![OFFSET SETTING] 键，进入磨耗补偿参数设定界面，如图 7-63 所示。

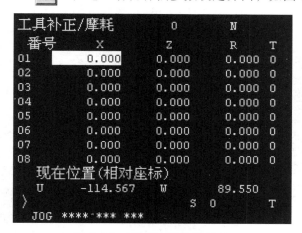

```
工具补正/摩耗          O          N
 番号      X         Z         R      T
 01    0.000     0.000     0.000   0
 02    0.000     0.000     0.000   0
 03    0.000     0.000     0.000   0
 04    0.000     0.000     0.000   0
 05    0.000     0.000     0.000   0
 06    0.000     0.000     0.000   0
 07    0.000     0.000     0.000   0
 08    0.000     0.000     0.000   0
 现在位置(相对座标)
 U    -114.567    W        89.550
                          S  O        T
>
 JOG  **** *** ***
```

图 7-63　磨耗补偿参数设计

b. 用方位键 ↑ ↓ 选择所需的番号，并用 ← → 键确定所需补偿的值。

c. 点击数字键，输入补偿值到输入域。

d. 按菜单软键[输入]或按 ![INPUT] 键，将参数输入到指定区域。按 ![CAN] 键逐字删除输入域中的字符。

输入形状补偿参数：

a. 在 MDI 键盘上点击 ![OFFSET SETTING] 键，进入形状补偿参数设定界面，如图 7-64 所示。

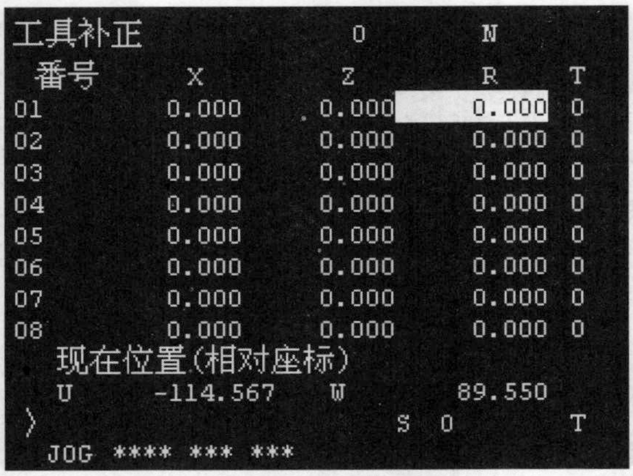

图 7-64　形状补偿参数设定

b. 用方位键 ↑ ↓ 选择所需的番号，并用 ← → 键确定所需补偿的值。

c. 点击数字键，输入补偿值到输入域。

d. 按菜单软键[输入]或按 INPUT 键，将参数输入到指定区域。按 CAN 键逐字删除输入域中的字符。

输入刀尖半径和方位号：分别把光标移到 R 和 T，按数字键输入半径或方位号，按菜单软键[输入]。

3. FUNAC 0I 车床标准面板介绍

FUNAC 0I 车床标准面板如图 7-65 所示。面板按钮说明如表 7-2 所示。

图 7-65　FANUC 0I 车床标准面板

表 7-2　面板按钮说明

按　钮	名　称	功能说明
▣	自动运行	此按钮被按下后，系统进入自动加工模式
▣	编　辑	此按钮被按下后，系统进入程序编辑状态，用于直接通过操作面板输入数控程序和编辑程序
▣	MDI	此按钮被按下后，系统进入 MDI 模式，手动输入并执行指令
▣	远程执行	此按钮被按下后，系统进入远程执行模式，即 DNC 模式，输入/输出资料
▣	单　节	此按钮被按下后，运行程序时每次执行一条数控指令
▣	单节忽略	此按钮被按下后，数控程序中的注释符号 "/" 有效
▣	选择性停止	当此按钮按下后，"M01" 代码有效
⇒	机械锁定	锁定机床
▥	试运行	机床进入空运行状态
▣	进给保持	程序运行暂停，在程序运行过程中，按下此按钮运行暂停；按 "循环启动" Ⅰ 恢复运行
Ⅰ	循环启动	程序运行开始；系统处于 "自动运行" 或 "MDI" 位置时按下有效，其余模式下使用无效
▣	循环停止	程序运行停止，在数控程序运行中，按下此按钮停止程序运行
◈	回原点	机床处于回零模式；机床必须首先执行回零操作，然后才可以运行
▥	手　动	机床处于手动模式，可以手动连续移动
▣	手动脉冲	机床处于手轮控制模式
◎	手动脉冲	机床处于手轮控制模式
X	X 轴选择按钮	在手动状态下，按下该按钮则机床移动 X 轴
Z	Z 轴选择按钮	在手动状态下，按下该按钮则机床移动 Z 轴

按　　钮	名　　称	功能说明
+	正方向移动按钮	手动状态下，点击该按钮系统将向所选轴正向移动；在回零状态时，点击该按钮将所选轴回零
−	负方向移动按钮	手动状态下，点击该按钮系统将向所选轴负向移动
快速	快速按钮	按下该按钮，机床处于手动快速状态
	主轴倍率选择旋钮	将光标移至此旋钮上后，通过点击鼠标的左键或右键来调节主轴旋转倍率
	进给倍率	调节主轴运行时的进给速度倍率
	急停按钮	按下急停按钮，使机床移动立即停止，并且所有的输出如主轴的转动等都会关闭
超程释放	超程释放	系统超程释放
	主轴控制按钮	从左至右分别为：正转、停止、反转
H	手轮显示按钮	按下此按钮，则可以显示出手轮面板
	手轮面板	点击 H 按钮将显示手轮面板
	手轮轴选择旋钮	手轮模式下，将光标移至此旋钮上后，通过点击鼠标的左键或右键来选择进给轴
	手轮进给倍率旋钮	手轮模式下，将光标移至此旋钮上后，通过点击鼠标的左键或右键来调节手轮步长。×1、×10、×100分别代表移动量为 0.001 mm、0.01 mm、0.1 mm
	手　轮	将光标移至此旋钮上后，通过点击鼠标的左键或右键来转动手轮
启动	启　动	启动控制系统
停止	关　闭	关闭控制系统

7.5.2 车床准备

1. 激活车床

点击"启动"按钮 ■，此时车床电机和伺服控制的指示灯变亮 ▣▣。

检查"急停"按钮是否松开 ◉，若未松开，点击"急停"按钮 ◉，将其松开。

2. 车床回参考点

检查操作面板上回原点指示灯是否亮 ▣，若指示灯亮，则已进入回原点模式；若指示灯不亮，则点击"回原点"按钮 ▣，转入回原点模式。

在回原点模式下，先将 X 轴回原点，点击操作面板上的"X 轴选择"按钮 X ，使 X 轴方向移动指示灯变亮 X ，点击"正方向移动"按钮 + ，此时 X 轴将回原点，X 轴回原点灯变亮 ▣，CRT 上的 X 坐标变为"390.00"。同样，再点击"Z 轴选择"按钮 Z ，使指示灯变亮，点击 + ，Z 轴将回原点，Z 轴回原点灯变亮 ▣▣，此时 CRT 界面如图 7-66 所示。

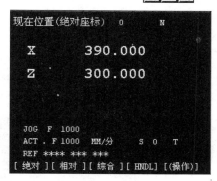

图 7-66　CRT 界面

7.5.3 工件的定义和使用

1. 定义毛坯

打开菜单"零件/定义毛坯"或在工具条上选择图标"▱"，系统打开如图 7-67 所示的对话框。

（1）名字输入：在毛坯名字输入框内输入毛坯名，也可使用缺省值。

（2）选择毛坯形状：铣床、加工中心有两种形状的毛坯供选择，即长方形毛坯和圆柱形毛坯，可以在"形状"下拉列表中选择毛坯形状；车床仅提供圆柱形毛坯。

（3）选择毛坯材料：毛坯材料列表框中提供了多种供加工的毛坯材料，可根据需要在"材料"下拉列表中选择毛坯材料。

（4）参数输入：尺寸输入框用于输入尺寸，单位为毫米。

（5）保存退出：按"确定"按钮，保存定义的毛坯并且退出本操作。

（6）取消退出：按"取消"按钮，退出本操作。

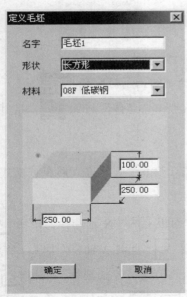
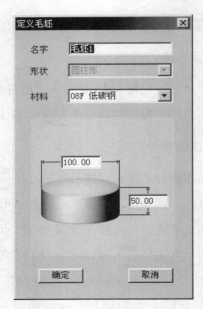

（a）长方形毛坯定义　　　　　　　　（b）圆形毛坯定义

图 7-67　定义毛坯

2．导出零件模型

导出零件模型的功能是把经过部分加工的零件作为成型毛坯予以单独保存。如图 7-68 所示，此毛坯已经过部分加工，称为零件模型。可通过导出零件模型功能予以保存。

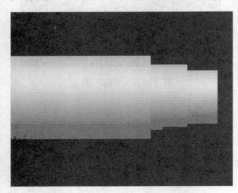

图 7-68　经过部分加工的毛坯

打开菜单"文件/导出零件模型"，系统弹出"另存为"对话框，在对话框中输入文件名，按保存按钮，此零件模型即被保存，可在以后需要时被调用。文件的后缀名为"prt"，不需要进行更改。

3．导入零件模型

机床在加工零件时，除了可以使用原始定义的毛坯，还可以对经过部分加工的毛坯进行再加工，这个毛坯被称为零件模型，可以通过导入零件模型的功能调用零件模型。

打开菜单"文件/导入零件模型"，若已通过导出零件模型功能保存过成型毛坯，则系统将弹出"打开"对话框,在此对话框中选择并且打开所需的后缀名为"prt"的零件文件,则选中的零件模型被放置在工作台面上。

4. 放置零件

打开菜单"零件/放置零件"命令或者在工具条上选择图标"![icon]",系统弹出操作对话框,如图 7-69 所示。

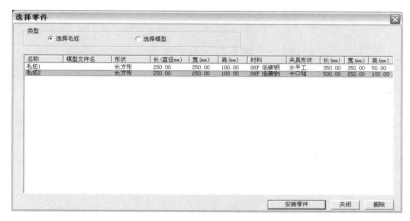

图 7-69 "选择零件"对话框

在列表中点击所需的零件,选中的零件信息加亮显示,按下"安装零件"按钮,系统自动关闭对话框,零件和夹具(如果已经选择了夹具)将被放到机床上。对于卧式加工中心,还可以在上述对话框中选择是否使用角尺板。如果选择了使用角尺板,那么在放置零件时,角尺板同时出现在机床台面上。

如果进行过"导入零件模型"的操作,对话框的零件列表中会显示模型文件名,若在类型列表中选择"选择模型",则可以选择导入零件模型文件,如图 7-70 所示。选择的零件模型即经过部分加工的成型毛坯被放置在机床台面上或卡盘上,如图 7-71 所示。

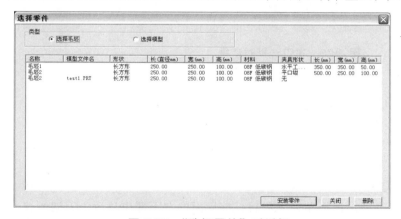

图 7-70 "选择零件"对话框

图 7-71 放置零件

5. 调整零件位置

零件可以在工作台面上移动。毛坯放上工作台后,系统将自动弹出一个小键盘,如图 7-72

所示，通过按动小键盘上的方向按钮，实现零件的平移和旋转或车床零件调头。小键盘上的
"退出"按钮用于关闭小键盘。选择菜单"零件/移动零件"也可以打开小键盘。在执行其他
操作前应关闭小键盘。

图 7-72 小键盘

7.5.4 选择刀具

打开菜单"机床/选择刀具"或者在工具条中选择"🎚"按钮，系统弹出刀具选择对
话框。

系统中数控车床允许同时安装 8 把刀具（后置刀架）或者 4 把刀具（前置刀架），车刀选
择对话框图 7-73 所示。

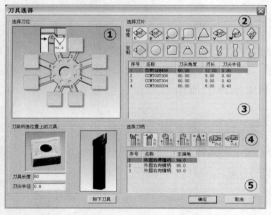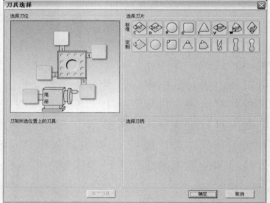

图 7-73 车刀选择对话框

（1）选择、安装车刀。

① 在刀架图中点击所需的刀位。该刀位对应程序中的 T01～T08。

② 选择刀片类型。

③ 在刀片列表框中选择刀片。

④ 选择刀柄类型。

⑤ 在刀柄列表框中选择刀柄。

（2）变更刀具长度和刀尖半径：选择车刀完成后，该界面的左下部位显示出刀架所选位
置上的刀具。其中显示的"刀具长度"和"刀尖半径"均可以由操作者修改。

（3）拆除刀具：在刀架图中点击要拆除刀具的刀位，点击"卸下刀具"按钮。

（4）确认操作完成：点击"确认"按钮。

7.5.5 数控程序处理

1. 导入数控程序

数控程序可以通过记事本或写字板等编辑软件输入并保存为文本格式（*.txt 格式）文件，也可直接用 FANUC 0i 系统的 MDI 键盘输入。

点击操作面板上的编辑键 ⌸，编辑状态指示灯变亮 ⌸，此时已进入编辑状态。点击 MDI 键盘上的 PROG 键，CRT 界面转入编辑页面。再按菜单软键[操作]，在出现的下级子菜单中按软键 ▶，按菜单软键[READ]，转入如图 7-74 所示的界面。点击 MDI 键盘上的数字/字母键，输入"Ox"（x 为任意不超过四位数的数字），按软键[EXEC]；点击菜单"机床/DNC 传送"，在弹出的对话框（见图 7-75）中选择所需的 NC 程序，按"打开"确认，则数控程序被导入并显示在 CRT 界面上。

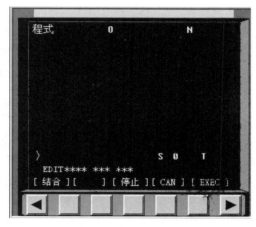

图 7-74　CRT 界面

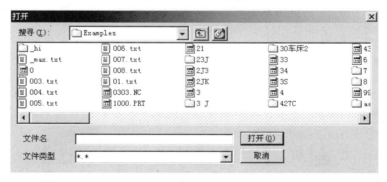

图 7-75　"打开"对话框

2. 数控程序管理

（1）显示数控程序目录：经过导入数控程序操作后，点击操作面板上的编辑键 ⌸，编辑状态指示灯变亮 ⌸，此时已进入编辑状态。点击 MDI 键盘上的 PROG 键，CRT 界面转入编辑页面。按菜单软键[LIB]，经过 DNC 传送的数控程序名列表显示在 CRT 界面上，如图 7-76 所示。

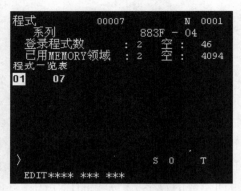

图 7-76　CRT 界面

（2）选择一个数控程序：经过导入数控程序操作后，点击 MDI 键盘上的 PROG 键，CRT 界面转入编辑页面。利用 MDI 键盘输入"Ox"（x 为数控程序目录中显示的程序号），按 ↓ 键开始搜索，搜索到后，"Ox"显示在屏幕首行程序号位置，NC 程序将显示在屏幕上。

（3）删除一个数控程序：点击操作面板上的编辑键 ⊗，编辑状态指示灯变亮 ⊗，此时已进入编辑状态。利用 MDI 键盘输入"Ox"（x 为要删除的数控程序在目录中显示的程序号），按 DELETE 键，程序即被删除。

（4）新建一个 NC 程序：点击操作面板上的编辑键 ⊗，编辑状态指示灯变亮 ⊗，此时已进入编辑状态。点击 MDI 键盘上的 PROG 键，CRT 界面转入编辑页面。利用 MDI 键盘输入"Ox"（x 为程序号，但不能与已有程序号的重复），按 INSERT 键，CRT 界面上将显示一个空程序，可以通过 MDI 键盘输入程序。输入一段代码后，按 INSERT 键则数据输入域中的内容将显示在 CRT 界面上，用回车换行键 EOB 结束一行的输入后换行。

（5）删除全部数控程序：点击操作面板上的编辑键 ⊗，编辑状态指示灯变亮 ⊗，此时已进入编辑状态。点击 MDI 键盘上的 PROG 键，CRT 界面转入编辑页面。利用 MDI 键盘输入"O-9999"，按 DELETE 键，全部数控程序即被删除。

3. 数控程序处理

点击操作面板上的编辑键 ⊗，编辑状态指示灯变亮 ⊗，此时已进入编辑状态。点击 MDI 键盘上的 PROG 键，CRT 界面转入编辑页面。选定了一个数控程序后，此程序显示在 CRT 界面上，可对数控程序进行编辑操作。

（1）移动光标：按 PAGE↑ 和 PAGE↓ 键用于翻页，按方位键 ↑ ↓ ← → 移动光标。

（2）插入字符：先将光标移到所需位置，点击 MDI 键盘上的数字/字母键，将代码输入到输入域中，按 INSERT 键，把输入域的内容插入到光标所在的代码后面。

（3）删除输入域中的数据：按 CAN 键用于删除输入域中的数据。

（4）删除字符：先将光标移到所需删除字符的位置，按 DELETE 键，删除光标所在的代码。

（5）查找：输入需要搜索的字母或代码；按 ↓ 键开始在当前数控程序中光标所在位置后搜索（代码可以是一个字母或一个完整的代码，如"N0010""M"等）。如果此数控程序中有所搜索的代码，则光标停留在找到的代码处；如果此数控程序中光标所在位置后没有所搜索的代码，则光标停留在原处。

（6）替换：先将光标移到所需替换字符的位置，将替换成的字符通过 MDI 键盘输入到输入域中，按 ALTER 键，把输入域的内容替代光标所在处的代码。

4. 保存程序

编辑好程序后需要进行保存操作。

点击操作面板上的编辑键 ⟨⟩，编辑状态指示灯变亮 ⟨⟩，此时已进入编辑状态。按菜单软键[操作]，在下级子菜单中按菜单软键[Punch]，在弹出的对话框中输入文件名，选择文件类型和保存路径，按"保存"按钮，如图 7-77 所示。

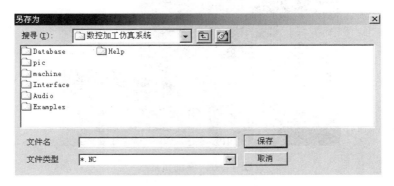

图 7-77 "另存为"对话框

5. MDI 模式

（1）点击操作面板上的 MDI 键盘上的 按钮，使其指示灯变亮，进入 MDI 模式。

（2）在 MDI 键盘上按 PROG 键，进入编辑页面。

（3）输入数据指令：在输入键盘上点击数字/字母键，可以作取消、插入、删除等修改操作。

（4）按数字/字母键键入字母"O"，再键入程序号，但不可以与已有程序号重复。

（5）输入程序后，用回车换行键 EOB E 结束一行的输入后换行。

（6）移动光标按 PAGE PAGE 上下方向键翻页，按方位键 ↑ ↓ ← → 移动光标。

（7）按 CAN 键，删除输入域中的数据；按 DELETE 键，删除光标所在的代码。

（8）按键盘上的 INSERT 键，输入所编写的数据指令。

（9）输入完整数据指令后，按循环启动按钮 运行程序。

（10）用 RESET 清除输入的数据。

7.5.6 对 刀

数控程序一般按工件坐标系编程，对刀的过程就是建立工件坐标系与机床坐标系之间关系的过程。下面具体说明车床对刀的方法。其中，将工件右端面中心点设为工件坐标系原点。将工件上其他点设为工件坐标系原点的方法与对刀方法类似。

1. 试切法设置 G54～G59

测量工件原点，直接输入工件坐标系 G54～G59。

（1）切削外径：点击操作面板上的"手动"按钮 ，手动状态指示灯变亮 ，机床进入手动操作模式。点击控制面板上的 X 按钮，使 X 轴方向移动指示灯变亮 ，点击 + 或 − 按钮，使机床在 X 轴方向移动；同样的，使机床在 Z 轴方向移动。通过手动方式将机床移到如图 7-78 所示的大致位置。

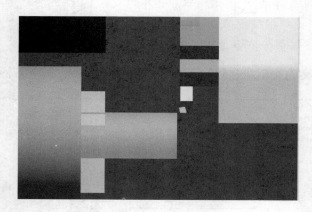

图 7-78 移动机床

点击操作面板上的 或 按钮，使其指示灯变亮，主轴转动。再点击"Z 轴方向选择"按钮 Z ，使 Z 轴方向指示灯变亮 ，点击 − 按钮，用所选刀具来试切工件外圆，如图 7-79 所示。然后按 + 按钮，X 方向保持不动，刀具退出。

图 7-79 试切件外圆

（2）测量切削位置的直径：点击操作面板上的 按钮，使主轴停止转动，点击菜单"测量/坐标测量"，如图 7-80 所示，点击试切外圆时所切线段，选中的线段由红色变为黄色。记下下半部对话框中对应的 X 的值（即直径）。

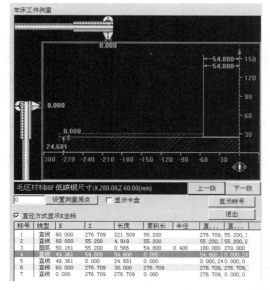

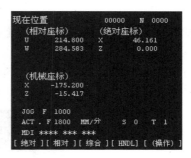

图 7-80　车床工件测量

（3）按下控制箱键盘上的 ⌷OFFSET SETTING 键。

（4）把光标定位在需要设定的坐标系上。

（5）光标移到 X 处。

（6）输入直径值。

（7）按菜单软键[测量]；通过按软键[操作]，可以进入相应的菜单。

（8）切削端面：点击操作面板上的 ⌷ 或 ⌷ 按钮，使其指示灯变亮，主轴转动。将刀具移至如图 7-81 所示的位置，点击控制面板上的 ⌷X 按钮，使 X 轴方向移动指示灯变亮 ⌷X，点击 ⌷− 按钮，切削工件端面，如图 7-82 所示。然后按 ⌷+ 按钮，Z 方向保持不动，刀具退出。

图 7-81　移动刀具

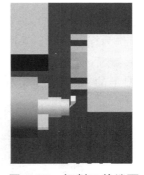

图 7-82　切削工件端面

（9）点击操作面板上的"主轴停止"按钮 ⌷，使主轴停止转动。

（10）把光标定位在需要设定的坐标系上。

（11）在 MDI 键盘面板上按下需要设定的轴"Z"键。

（12）输入工件坐标系原点的距离（注意距离有正负号）。

（13）按菜单软键[测量]，自动计算出坐标值后填入。

2. 测量、输入刀具偏移量

使用这个方法对刀，在程序中直接使用机床坐标系原点作为工件坐标系原点。

用所选刀具试切工件外圆，点击"主轴停止" 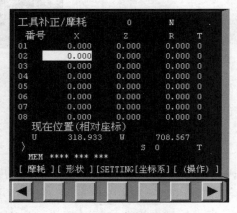 按钮，使主轴停止转动，点击菜单"测量/坐标测量"，得到试切后的工件直径，记为 α。

保持 X 轴方向不动，刀具退出。点击 MDI 键盘上的 键，进入形状补偿参数设定界面，将光标移到与刀位号相对应的位置，输入 $X\alpha$，按[测量]软键（见图 7-83），对应的刀具偏移量自动输入。

试切工件端面，把端面在工件坐标系中 Z 的坐标值记为 β（此处以工件端面中心点为工件坐标系原点，则 β 为 0）。

保持 Z 轴方向不动，刀具退出。进入形状补偿参数设定界面，将光标移到相应的位置，输入 $Z\beta$，按软键[测量]（见图 7-83），对应的刀具偏移量自动输入。

图 7-83　参数设定

3. 设置偏置值完成多把刀具对刀

方法一：

（1）选择一把刀作为标准刀具，采用试切法或自动设置坐标系法完成对刀，把工件坐标系原点放入 G54~G59，然后通过设置偏置值完成其他刀具的对刀，下面介绍刀具偏置值的获取办法。点击 MDI 键盘上的 **POS** 键和[相对]软键，进入相对坐标显示界面，如图 7-84 所示。

图 7-84　相对坐标显示界面

（2）选定的标准刀具试切工件端面，将刀具当前的 Z 轴位置设为相对零点（设置前不得有 Z 轴位移）。

（3）依次点击 MDI 键盘上的 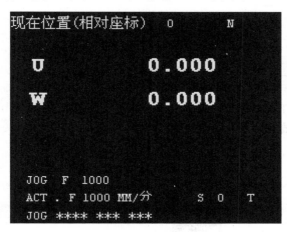、、 键，输入"w0"，按软键[预定]，则将 Z 轴当前坐标值设为相对坐标原点。

（4）标准刀具试切零件外圆，将刀具当前 X 轴的位置设为相对零点（设置前不得有 X 轴的位移）：依次点击 MDI 键盘上的 、、 键，输入"u0"，按软键[预定]，则将 X 轴当前坐标值设为相对坐标原点。此时 CRT 界面如图 7-85 所示。

图 7-85　相对坐标

（5）换刀后，移动刀具使刀尖分别与标准刀切削过的表面接触。接触时显示的相对值，即为该刀相对于标准刀具的偏置值 ΔX、ΔZ（为保证刀准确移到工件的基准点上，可采用手动脉冲进给方式）。此时 CRT 界面如图 7-86 所示，所显示的值即为偏置值。

图 7-86　CRT 界面

（6）将偏置值输入到磨耗参数补偿表或形状参数补偿表内。

注意：MDI 键盘上的  键用来切换字母键，如  键，直接按下输入的为"X"，按  键，再按  键，输入的为"U"。

方法二：

分别对每一把刀测量、输入刀具偏移量。

7.5.7 仿真零件加工

1. 手动/连续方式

（1）点击操作面板上的"手动"按钮，使其指示灯亮，机床进入手动模式。

（2）分别点击 X 、 Z 键，选择移动的坐标轴。

（3）分别点击 + 、 − 键，控制机床的移动方向。

（4）点击按钮，控制主轴的转动和停止。

注意： 刀具切削零件时，主轴需转动。加工过程中刀具与零件发生非正常碰撞后（非正常碰撞包括车刀的刀柄与零件发生碰撞；铣刀与夹具发生碰撞等），系统弹出警告对话框，同时主轴自动停止转动，调整到适当位置，继续加工时需再次点击按钮，使主轴重新转动。

2. 手动脉冲方式

（1）在手动/连续方式或在对刀需精确调节机床时，可用手动脉冲方式调节机床。

（2）点击操作面板上的"手动脉冲"按钮或，使指示灯变亮。

（3）点击按钮 H ，显示手轮。

（4）鼠标对准"轴选择"旋钮，点击左键或右键，选择坐标轴。

（5）鼠标对准"手轮进给速度"旋钮，点击左键或右键，选择合适的脉冲当量。

（6）鼠标对准手轮，点击左键或右键，精确控制机床的移动。

（7）点击按钮，控制主轴的转动和停止。

（8）点击 H 键，可隐藏手轮。

3. 自动加工方式

（1）自动/连续方式。

自动加工流程如下：

① 检查机床是否回零，若未回零，先将机床回零。

② 导入数控程序或自行编写一段程序。

③ 点击操作面板上的"自动运行"按钮，使其指示灯变亮。

④ 点击操作面板上的"循环启动"按钮，程序开始执行。

中断运行：数控程序在运行过程中可根据需要暂停、急停和重新运行。

① 数控程序在运行时，按"进给保持"按钮，程序停止执行；再点击"循环启动"按钮，程序从暂停位置开始执行。

② 数控程序在运行时，按下"急停"按钮 ⊚，数控程序中断运行，继续运行时，先将急停按钮松开，再按"循环启动"按钮 ⊡，余下的数控程序从中断行开始作为一个独立的程序执行。

（2）自动/单段方式。

① 检查机床是否回零。若未回零，先将机床回零。

② 再导入数控程序或自行编写一段程序。

③ 点击操作面板上的"自动运行"按钮 ⊡，使其指示灯变亮 ⊡。

④ 点击操作面板上的"单节"按钮 ⊡。

⑤ 点击操作面板上的"循环启动"按钮 ⊡，程序开始执行。

注意：自动/单段方式执行每一行程序均需点击一次"循环启动" ⊡ 按钮。点击"单节跳过"按钮 ⊡，则程序运行时跳过符号"/"有效，该行成为注释行，不执行；点击"选择性停止"按钮 ⊙，则程序中 M01 有效。可以通过"主轴倍率"旋钮 ⊚ 和"进给倍率"旋钮 ⊚ 来调节主轴旋转的速度和移动的速度。按 RESET 键可将程序重置。

（3）检查运行轨迹。

NC 程序导入后，可检查运行轨迹。

① 点击操作面板上的"自动运行"按钮 ⊡，使其指示灯变亮 ⊡，转入自动加工模式。点击 MDI 键盘上的 PROG 按钮，点击数字/字母键，输入"Ox"（x 为所需要检查运行轨迹的数控程序号），按 ↓ 键开始搜索，找到后，程序显示在 CRT 界面上。

② 点击 CUSTOM GRAPH 按钮，进入检查运行轨迹模式。点击操作面板上的"循环启动"按钮 ⊡，即可观察数控程序的运行轨迹，此时也可通过"视图"菜单中的动态旋转、动态放缩、动态平移等方式对三维运行轨迹进行全方位的动态观察。

4. 零件检测

加工完毕后，点击菜单"测量"，检测零件各部分尺寸是否合格。

习 题

1. 简述 CAD、CAM、CAD/CAM 一体化的概念。

2. 简述 CAD/CAM 的主要功能。

3. 结合自己所学的 CAD/CAM 软件，用框图说明 CAM 的工作流程。

4. CAM 切削方式可以划分为哪几种？并解释各种切削方式。

5. 平面轮廓加工、型腔加工的走刀方式有哪些？画出其示意图。

6. 曲面加工的粗精加工走刀方式有哪些？画出其示意图。

7. 在 CAM 软件中提供了哪些下刀方式？各种下刀方式的应用有何优缺点？

8. 什么是残留高度？解释残留高度与行距间的关系。

9. 什么是后置处理？

10. 解释什么是 DNC 及 DNC 的应用。

11. 使用一种你所熟悉的 CAD/CAM 软件，对如图 7-87～7-89 所示的零件进行造型及数控编程。

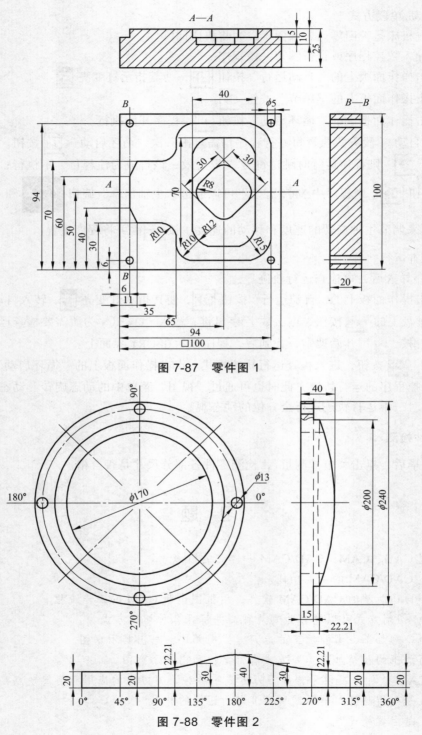

图 7-87　零件图 1

图 7-88　零件图 2

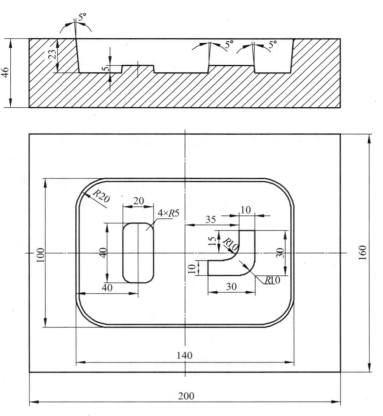

图 7-89　零件图 3

参考文献

[1] 毕毓杰. 机床数控技术[M]. 北京：机械工业出版社，2003.

[2] 王永章，杜君文，程国全. 数控技术[M]. 北京：高等教育出版社，2001.

[3] 周虹. 数控机床操作工职业技能鉴定指导[M]. 2 版. 北京：人民邮电出版社，2008.

[4] 董献坤. 数控机床结构与编程[M]. 北京：机械工业出版社，2001.

[5] 周德俭. 数控技术[M]. 重庆：重庆大学出版社，2001.

[6] 孟富森，蒋忠理. 数控技术与 CAM 应用[M]. 重庆：重庆大学出版社，2003.

[7] 许祥泰，刘艳芳. 数控加工编程实用技术[M]. 北京：机械工业出版社，2001.

[8] 翟瑞波. 数控铣床/加工中心编程与操作实例[M]. 北京：机械工业出版社，2007.

[9] 胡育辉. SIEMENS 数控铣床加工中心[M]. 沈阳：辽宁科学技术出版社，2009.

[10] 杜君文，邓广敏. 数控技术[M]. 天津：天津大学出版社，2002.

[11] 卢万强. 数控加工技术[M]. 北京：北京理工大学出版社，2009.

[12] 付化举. 数控铣床 Siemens 系统编程与操作实训[M]. 北京：中国劳动社会保障出版社，2006.

[13] 孙贵斌，陈军. 数控铣床编程与操作[M]. 北京：北京师范大学出版社，2011.

[14] 叶蓓华. 数字控制技术[M]. 北京：清华大学出版社，2002.

[15] 刘蔡保. 数控铣床（加工中心）编程与操作[M]. 北京：化学工业出版社，2011.

[16] 霍苏萍. 数控车削加工工艺编程与操作[M]. 北京：人民邮电出版社，2009.

[17] 朱明松，王翔. 数控铣床编程与操作项目教程[M]. 北京：机械工业出版社，2008.

[18] 王卫宾. 数控编程 100 例[M]. 北京：机械工业出版社，2003.

[19] 张超英，罗学科. 数控加工综合实训[M]. 北京：化学工业出版社，2003.

[20] 高德文. 数控加工中心[M]. 北京：化学工业出版社，2003.

[21] 邓奕，苏先辉，肖调生. Mastercam 数控加工技术[M]. 北京：清华大学出版社，2003.

[22] 龚仲华. 数控技术[M]. 北京：机械工业出版社，2004.